高等学校智能制造专业系列教材

工业 4.0 柔性装配基础及实践

许 明　陈国金　编著

西安电子科技大学出版社

内 容 简 介

制造及装配是工业生产的两种主要形式。本书针对工业 4.0 下的产品柔性装配需求及特点，以球轴承作为典型对象，从工业 4.0 和柔性制造基础理论出发，介绍了球轴承柔性装配线实例，主要内容包括：工业 4.0 概论，柔性制造技术概论，基于工业 4.0 的轴承柔性装配线、柔性装配线设计及柔性装配线控制系统。

本书可作为高等院校机械设计制造、智能制造等相关专业的教材或参考书，同时对智能制造、装备设计与制造、机电一体化等领域的科研和工程技术人员也具有重要的参考价值。

图书在版编目 (CIP) 数据

工业 4.0 柔性装配基础及实践 / 许明，陈国金编著. —西安：西安电子科技大学出版社，2020.7
ISBN 978-7-5606-5724-0

Ⅰ. ① 工… Ⅱ. ① 许… ② 陈… Ⅲ. ① 装配(机械)—柔性制造系统 Ⅳ. ① TH165

中国版本图书馆 CIP 数据核字(2020)第 092188 号

策划编辑 陈婷
责任编辑 张倩
出版发行 西安电子科技大学出版社(西安市太白南路 2 号)
电　　话 (029)88242885 88201467 邮　　编 710071
网　　址 www.xduph.com 电子邮箱 xdupfxb001@163.com
经　　销 新华书店
印刷单位 陕西天意印务有限责任公司
版　　次 2020 年 7 月第 1 版 2020 年 7 月第 1 次印刷
开　　本 787 毫米×960 毫米 1/16 印　张　10
字　　数 177 千字
印　　数 1～1000 册
定　　价 26.00 元

ISBN 978-7-5606-5724-0 / TH
XDUP 6026001-1
如有印装问题可调换

前　言

制造业是国民经济的主体，是立国之本，兴国之器，强国之基。当前，以工业 4.0 为代表的第四次工业技术革命，正引导着制造业从自动化生产到智能化生产的巨大变革。工业 4.0 下的智能制造本质上是基于信息物理系统（CPS）实现的智能工厂，其核心是实现柔性生产方式。

为适应我国工业 4.0、智能制造技术的应用和发展，满足高等学校工程实践人才培养的需求，作者在充分参考工业 4.0、智能制造技术国内外发展现状和趋势的基础上，组织编著了本书。本书以工业 4.0 为主线，以球轴承的柔性装配为对象，从基础理论和应用实践两方面，阐述了工业 4.0 技术在球轴承柔性装配方面的技术支撑和实际应用。全书共 5 章，第 1~2 章为基础理论篇，第 3～5 章为实践篇，以深沟球轴承柔性装配为实践应用对象。其中第 1 章简要介绍了工业 4.0，并具体说明工业 4.0 与智能制造的紧密关联性，为基于工业 4.0 的轴承柔性装配技术提供理论基础；第 2 章介绍柔性制造技术，它是工业 4.0 柔性装配技术的本质特征，从柔性制造系统的基本概念出发，介绍其主要组成及工业 4.0 下的柔性制造特点；第 3 章阐述轴承柔性装配线总体特征，以及工业 4.0 下的柔性装配线总体说明和方案设计；第 4 章讲解柔性装配线的具体设计，介绍轴承柔性装配中的各道工序和主要工位的结构组成、运行原理及动作流程；第 5 章从柔性装配控制系统出发，介绍常用的柔性装配控制技术，并说明轴承柔性装配线的生产管理系统。

本书由许明、陈国金编著，其中许明编写了第 2~5 章，陈国金编写了第 1 章，全书由许明负责统稿。在本书的编著过程中，得到了很多前辈和同事们的支持与帮助，特别感谢杭州电子科技大学智能制造技术国家级实验教学示范中心对本书出版提供的资助。

工业 4.0 及智能制造涉及的范围很广，也尚在不断发展当中，限于编者的水平，本书难免存在不足之处，希望相关领域的专家和读者批评指正。

编者

2020.6.24

前　言

目　录

第 1 章　工业 4.0 概论

　　工业发展是以工业革命为契机的。本章从工业发展的主要进程出发，简要介绍几次重要的工业革命，并具体说明工业 4.0 与智能制造的紧密关联性，为基于工业 4.0 的轴承柔性装配技术提供理论基础。

1.1　工业发展与工业 4.0

　　图 1-1 所示为第一次工业革命到第四次工业革命的简要发展历程。从 18 世纪开始至今，仅仅两百多年，人类社会已经历经了三次工业革命，并且正在经历第四次工业革命。第一次工业革命将人类带入机械时代；第二次工业革命，人类能够使用电能进行工业生产；第三次工业革命，电子技术和 IT 技术得到广泛应用。正在进行的第四次工业革命，利用信息物理技术实现万物智能化及互联。这些都从根本上改变了工业技术以及人类生活的方方面面，使世界发生翻天覆地的变化。

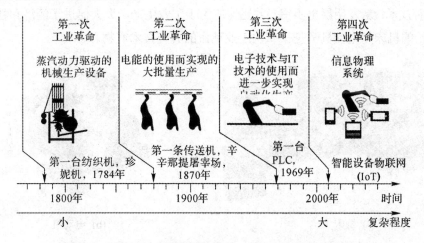

图 1-1　第一次工业革命到第四次工业革命的简要发展历程

1. 工业 1.0

以蒸汽机的广泛使用为标志的工业 1.0 是技术发展史上的一次巨大革命，它在 18 世纪末由英国发起。这次技术革命和与之相关的社会关系的变革，被称为第一次工业革命。图 1-2 所示为第一次工业革命的技术代表——瓦特蒸汽机及其原理。

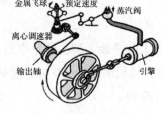

（a）瓦特蒸汽机　　　　　　（b）瓦特蒸汽机原理

图 1-2　瓦特蒸汽机及其原理

传统手工工场模式不再满足社会发展的需求，手工操作被以蒸汽机为动力的机械化生产所取代，集中生产的工业制度开始成为社会生产的主要组织形式。随着蒸汽机等机器的广泛使用，人类社会进入机械化时代，这极大促进了工业生产，也推动了交通运输等领域的革新。率先完成第一次工业革命的英国，很快成为世界霸主。

2. 工业 2.0

以电力和内燃机的使用为主要标志的工业 2.0 是人类社会发展进程中的又一次技术突破，被称为第二次工业革命。在这一时期，科学技术的发展突飞猛进，各种新理论、新方法、新技术、新发明层出不穷，并迅速应用于工业生产，大大促进了经济和社会发展。图 1-3 所示的机床和电动机都是第二次工业革命的典型技术产物。

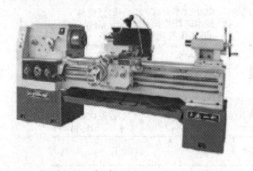

(a) 机床　　　　　　　　　　(b) 电动机

图 1-3　工业 2.0 下的典型技术产物

第二次工业革命中，电力技术的广泛使用，标志着人类社会由蒸汽时代跨入了电气时代。电信技术的兴起为远距离信息传递和交流提供了条件。19 世纪 70~80 年代，以煤气和汽油为燃料的内燃机相继诞生，为汽车和飞机等新型交通工具的发明创造了重要条件，同时也推动了石油开采和冶炼化工等行业的快速发展。与第一次工业革命首先发生在英国，重要的新机器和新生产方法主要在英国发明，其他国家工业革命发展相对缓慢有所不同，第二次工业革命几乎同时发生在欧洲国家和美国、日本、德国等国家，新的技术和发明超出了一国的范围，其规模更加广泛，发展也比较迅速。

3. 工业 3.0

第三次工业革命始于 20 世纪 70 年代，以电子计算机的发明和应用为主要标志，是涉及信息技术、新能源技术、新材料技术、生物技术、空间技术和海洋技术等诸多领域的一场信息技术革命，是人类文明史上继蒸汽技术革命和电气技术革命之后的又一次重大飞跃。其典型技术代表是数控机床和伺服电机，如图 1-4 所示。

(a) 数控机床　　　　　　　　　　　(b) 伺服电机

图 1-4　工业 3.0 下的典型技术代表

自 1981 年美国 IBM 公司推出第一代微型计算机 IBM-PC 以来，计算机技术得到急速发展，其与电子信息技术相结合，共同促进了生产自动化、管理现代化和国防技术现代化。以全球互联网络为标志的信息高速公路正在缩短人类交往的距离。同时，合成材料的发展、新能源技术、系统论和控制论的发展，也是这次技术革命的结晶。

第三次工业革命("工业 3.0")自产生以来，一直占据着主导地位，支撑着产业的发展。

但其发展模式也逐渐显现出较多的弊端，如智能化程度低、资源浪费等问题。对于制造业来说，转型升级势在必行，第四次工业革命即"工业 4.0"呼之欲出，即利用智能技术促进生产变革，这也是工业智能化发展的目标。

4. 工业 4.0

"工业 4.0"是以智能制造为主要特征的第四次工业革命。在工业 4.0 中，产品全生命周期设计、全流程数字化制造以及基于信息技术的模块集成，构成高度灵活、个性化、数字化的产品与服务的全新生产模式。工业 4.0 是从自动化生产到智能化生产的巨大变革。

世界上的主要发达国家都有自己的第四次工业革命战略计划，其中德国的"工业 4.0"在全球最为引人关注。德国的"工业 4.0"是由德国联邦教研部与联邦经济技术部联手资助，在德国工程院、弗劳恩霍夫应用研究促进会、西门子公司等德国学术界和产业界的建议与推动下形成的，旨在提升制造业的智能化水平，将信息技术与人工智能技术进行结合。

《德国工业 4.0 战略计划实施建议》对"工业 4.0"有详细的描述：在一个"智能、网络化的世界"里，物联网和服务网(Internet of Things and Services)将渗透到所有的关键领域，这种转变正在导致智能电网出现在能源供应领域、可持续移动通信战略领域(智能移动性、智能物流)和医疗智能健康领域。在整个制造领域中，信息化、自动化、数字化贯穿整个产品生命周期，端到端工程、横向集成成为工业化第四阶段的引领者。

"工业 4.0"概念有三个支撑点：

(1) 制造本身的价值化。"工业 4.0"不仅是做好一个产品，而且是把产品生产制造过程做到浪费最少，实现制造过程与设计及用户需求相结合。

(2) 在制造过程中，根据加工产品的差异、加工状况的改变，生产系统能自动作出调整，在原有自动化的基础上实现"自动觉察"的能力。也就是整个系统，包括设备及其本身，在设计制造过程中能根据变化的情况，及时做出调整。

(3) 在整个制造过程中达到零故障、零隐患、零意外、零污染，这也是制造业的最高境界。

在现在的工业制造中，存在着许多无法被定量、被掌握的不确定因素，这些不确定因素既存在于制造过程中，也存在于制造过程之外的使用过程中。前三次工业革命主要解决的都是可见的问题，工业 4.0 的关注点和竞争点是避免这些不确定因素及使其透明化。工业 4.0 的另一个特点就是制造过程和制造价值向使用过程的延续，不仅仅关注将一个产品制造出来，还应该关心如何去使用好这个产品，实现产品价值的最大化。

1.2　全面认识工业 4.0

1.2.1　工业 4.0 的特征与目标

工业 4.0 以物联网和大数据等新一代信息技术为驱动，以信息物理系统(Cyber-Physical Systems，CPS)为基础，通过深度融合机械、电子、自动化、信息与通信技术以及企业管理流程，实现对制造的智能化升级转型。从工业 4.0 的概念的支撑点可知，其主要具备以下特征：

(1) 低成本、个性化定制。工业 4.0 在设计及制造等环节，考虑用户个性化的需求，在智能设计、智能工厂、智能制造与智能物流系统等支持下可实现多品种、小批量的个性化定制生产，且能通过效率最大化与资源消耗最小化来创造利润。

(2) 灵活性强。工业 4.0 基于 CPS 的自组织网络，可对业务流程进行动态配置，实现灵活的作业流程与高柔性的制造工艺，同时可打造适应性较强的动态物流与供应链体系，能灵活应对用户的个性化需求与市场的动态变化。

(3) 优化资源利用率和设备生产效率。CPS 贯穿整个价值链的各个环节对制造与物流过程进行系统优化。在生产不停顿的情况下，系统能够对生产过程中的资源利用和资源消耗进行持续优化。

"工业 4.0"的核心在于智能化，无论是信息技术与制造业的深度融合，还是数字化产品与服务模式的创新，其核心都在于智能制造。智能制造实际上可以被看作一个庞大的智能运作系统，在设计、研发、生产、管理、销售等各个环节都实现智能化，而每个环节又是智能制造系统的一部分。从整体来看，智能制造系统，也即是工业 4.0 系统的目标，主要体现在五个方面，即智能产品、智能装备、智能生产、智能管理、智能服务。

1) 智能产品

智能产品与传统产品有着一定的区别。智能产品是借助传感器、处理器、存储器、通信模块等生产出来的产品，因此该产品具有动态感知、处理、存储及通信的能力，进而可实现产品的智能化。如今，诸多产品都迈进了智能产品的行列，如计算机、智能手机、智能家居(冰箱、电视、空调等)、智能机器人、智能穿戴产品、无人驾驶汽车等。

以智能家居产品为例，它利用先进的计算机、嵌入式系统、自动控制等技术，将与家庭生活息息相关的各种应用都有机地结合起来，从而让家庭生活变得更加舒适、安全、智能，这也正是智能家居较传统家居更具人性化的一面。智能家居赋予传统家居产品"智慧"，在"智慧"的驱动下可以提供全方位的信息交互功能，实现产品与用户、家庭与外部信息的顺畅交流，帮助人们更加有效、合理地安排时间，增强生活的安全性，使得人们的生活方式更加优化。

2) 智能装备

智能装备通过信息技术、智能技术和先进制造技术等的深度集成，实现制造装备的感知、分析、控制等一系列功能，使其具有智能化的特点。智能装备在产品的制造过程中，可以实现自动化、精密化、智能化和绿色化，从而使得整个生产技术水平有了很大的提升。工业 4.0 时代，智能装备的发展进程可以在两个维度上进行：一个是单机智能，另一个是由单机设备的互联而形成的智能生产线、智能车间、智能工厂。

3) 智能生产

智能生产是工业 4.0 及智能制造的主线，而智能工厂是智能生产的主要载体。智能生产所包含的就是使用智能装备、智能物流、制造执行系统等组成的人机一体化系统，按照工艺要求设计，实现整个生产制造过程的智能化生产，并能够对生产、设备、质量的异常做出正确的判断和处置，实现制造执行与运营管理、研发设计、智能装备的集成。

4) 智能管理

智能管理是以人类智能为基础，结合人工智能和管理科学、知识工程、系统工程、计算机技术等的全新管理模式。随着企业内部所有生产、运营环节信息的纵向集成，企业之间通过价值链及信息网络所实现的资源横向集成，以及围绕产品全生命周期的价值链的端到端集成的不断深入，企业数据的及时性、完整性、准确性必然得到一定程度的提高，这就使得整个生产制造过程以及产品全生命周期的管理变得更加精准、更加高效、更加科学。工业 4.0 时代的智能管理将使传统管理模式发生重大变革。

5) 智能服务

所谓智能服务，就是指通过捕捉用户的原始信息，利用后台长期积累的丰富数据，构建需求结构模型，进行数据挖掘和商业智能分析。智能服务不但可以从用户的原始信息中获得用户习惯、喜好等显性需求，还可以挖掘到用户的隐性需求，通过这些精准分析来为用户制定更加高效、更加精准的产品服务，让用户获得最佳的服务体验。

　　智能服务是智能制造的核心内容。越来越多的制造企业已经将以往的只关注产品生产的观念转变为注重服务质量的提升。高效、精准的服务可以对用户的潜在需求进行及时的满足，从而让用户获得服务需求上的满足，进而增加重复购买率，使得产品生命周期得以延长，更加重要的是推进了智能制造的可持续发展。

　　总之，工业 4.0 的智能制造必将推动产品、装备、生产、管理、服务的智能化，并将激发制造业在这些领域的创新。

1.2.2　工业 4.0 的技术支撑

　　工业 4.0 若想使制造业向智能化的方向转变，就离不开物联网技术、工业机器人、知识工作自动化、工业大数据、虚拟现实技术、3D 打印技术、云计算、人工智能、工业网络安全这九大技术支柱，如图 1-5 所示。

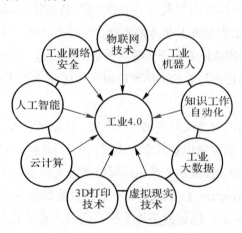

图 1-5　工业 4.0 的九大技术支柱

　　这九大技术支柱推动了制造业的产品开发、生产工艺、制造过程控制、营销以及售后服务等业务模式的深刻变革。这种变革又推动着企业改变原有模式，精准定位用户，深刻理解用户需求，以用户为中心设计满足用户需求的产品，以虚拟现实技术验证产品的设计和制造工艺，以物联网技术、工业机器人技术等精准控制生产制造过程，快速交付，利用工业大数据、人工智能等实现远程智能化精准服务，从而实现工业 4.0 在产品全生命周期的展现。下面对九大技术支柱进行具体说明。

1. 物联网技术

物联网(Internet of Things，IoT)技术是工业 4.0 的核心基础，也是新一代信息技术的重要组成部分。物联网就是物物相连的互联网，是指将各种信息通过多样化的传感设备及系统，如传感器网络、射频识别技术及其他基于物—物通信模式的短距无线自组织网络等，与互联网结合起来而形成一个巨大的智能网络。信息传感设备及系统将采集得到的大量数据传送至数字中枢，进行数据的整理、挖掘、处理，实现数据的利用和增值，为智能化的决策和控制提供依据。在我国，物联网技术已经广泛应用在各个领域，如国家智能电网、物流、机械制造等领域。

物联网在工业领域的应用，即工业物联网，或称为工业互联网也正在兴起。工业互联网由美国通用电气公司(GE)在 2012 年提出，它是互联网所推动的先进计算能力、数据分析、低成本的传感技术等与全球性的工业系统的深入融合，是数字世界与机器世界的深度交织，将为全球的工业体系带来意义深远的变革。为了推广工业互联网，GE 与 Intel、IBM、Cisco 以及 AT&T 一起，于 2014 年在美国成立了工业互联网联盟(Industrial Internet Consortium，IIC)，以加快工业互联网的发展和其价值的实现。在技术方面，IIC 着重推动通用架构、互操作性和开放标准，以期超越技术和产业孤岛所带来的障碍。在业务方面，IIC 协同工业生态系统，推动工业互联网在各行业的采纳和应用。2016 年中国工业互联网产业联盟也在北京成立。

工业互联网平台是面向制造业数字化、网络化、智能化需求，构建基于海量数据采集、汇聚、分析的服务体系，支撑制造资源泛在连接、弹性供给、高效配置的工业云平台。图 1-6 所示为工业互联网平台功能架构，其组成可以概括为以下四个方面：

(1) 工业 IaaS(Infrastructure as a Service，基础设施即服务)是基础，构建一个精准、实时、高效的数据采集体系，把数据采集上来，通过协议转换和边缘计算，一部分在边缘侧进行处理并直接返回到机器设备，一部分传到云端进行综合利用分析，进一步优化形成决策。

(2) 工业 PaaS(Platform as a Service，平台即服务)是核心，构建一个可扩展的操作系统，为工业应用开发提供一个基础平台。

(3) 工业 SaaS(Software as a Service，软件即服务)是支撑，通过虚拟化技术将计算、存储、网络等资源池化，向用户提供可计量、弹性化的资源服务。

(4) 工业应用是关键，形成满足不同行业、不同场景的应用服务，并以工业 APP 的形式呈现出来。

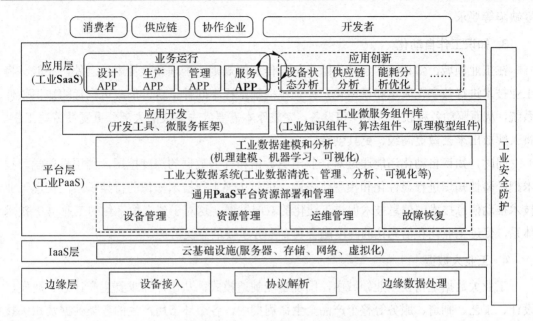

图 1-6　工业互联网平台功能架构

　　无论是工业互联网、工业 4.0，还是智能制造，尽管它们的出发点、关注角度和领域各有差异，但都有一个相同的核心理念，即把物联网的核心技术——传感与计算通信网络技术，更加广泛、深入地应用在工业系统和基本设施中，以实现信息技术和生产制造技术的深度融合。通过对物理实体状态和环境的实时感知，在信息空间通过计算做出最佳决策，动态地优化物理资源的使用。

2. 工业机器人

　　工业机器人是自动化的典型代表。由于人工成本的上升及自动化机器人成本的显著降低，加之技术的成熟，目前很多制造企业都在大力推进"机器换人"的战略。工业机器人集精密化、柔性化等先进制造技术于一体，通过对过程实施检测、控制、优化，实现增产提质、降低成本和资源消耗的目的，是工业自动化水平的最高体现，并广泛应用于汽车整车及汽车零部件、工程机械、轨道交通、电力、IC 装备等众多行业。

　　当今，工业机器人技术正逐渐向着具有多种感知能力、较强的环境自适应能力、智能化的方向发展。工业机器人是工业 4.0 生产过程中的关键设备，优化机器人的模块设计及机器人运动控制，使其越来越容易融入整个生产线的作业中。此外，结合物联网技术的应用，使得机器人柔性的优势得到充分的发展，能够确保工业 4.0 需要的高柔性、高效率和零缺陷等要求。

3. 知识工作自动化

在工业领域，知识工作自动化除了包含传统的规则、推理和显性表达之外，还能够将工业技术进行数字化表达和模型化，并且移植到工程中间件平台，形成可执行的知识软件系统，从而驱动各种软件、硬件和设备，完成原本需要人去完成的大部分重复性劳动工作，将人解放出来去做更高级、更具创造性的工作。

同时，知识自动化还能通过对企业历史数据和行为数据的深度挖掘，利用机器学习技术把经验性知识进行显性化和模型化表达，进而实现工程技术知识的持续积累，实现工业技术推动信息技术，信息技术促进工业化的双向发展。这对于建立数字化的工业 4.0 技术体系，促进工业化和信息化的深度融合具有十分重要的意义。

4. 工业大数据

工业大数据是指在工业领域中，围绕智能制造模式，从用户需求到生产计划、研发、设计、工艺、制造、服务等整个产品全生命周期中，各个环节所产生的各类数据及相关技术和应用的总称。工业大数据以产品数据为核心，极大延展了传统工业数据范围，同时还包括工业大数据相关技术和应用。工业大数据具有三个典型应用方向，第一个层次是设备级的，就是提高单台设备的可靠性、识别设备故障、优化设备运行等；第二个层次针对生产线、车间、工厂，提高运作效率，包括能耗优化、供应链管理、质量管理等；第三个层次是跨出了工厂边界的产业跨界，实现产业互联。

智能制造将物联网、大数据等新一代信息技术与设计、生产、管理、服务等制造活动的各个环节融合，以智能工厂为载体，物联网和大数据将成为智能制造的两个重要方面。通过应用物联网和大数据，以端到端数据流为基础，以互联互通为支撑，构建高度灵活的个性化和数字化智能制造模式。

5. 虚拟现实技术

虚拟现实(Virtual Reality，VR)是通过计算机构建的一种高度逼真的虚拟三维空间，模拟自然环境中的视、听、动等行为，或者说是一种可以创建和体验虚拟世界的计算机系统。将真实世界信息和虚拟世界信息无缝集成起来，即为增强现实技术。增强现实技术不仅展现了真实世界的信息，而且将虚拟的信息同时显示出来，两种信息相互补充、叠加。

虚拟现实技术与很多其他技术之间都有着紧密联系，例如三维建模技术、图形显示技术、传感器技术以及人工智能技术等。虚拟现实技术的不断发展，使其在越来越多的领域得到了应用。在产品研发环节方面，实现立体精准的虚拟结构设计，使研发人员能够全方位构思产品的外形、结构、模具及零部件的使用方案。在大型装备产品的装配领域，通过高精度零件设备与虚拟现实技术的协同，实现精密加工部件的虚拟装配操作以及误差极低的精准配合，从而提高装配效率和质量。虚拟现实技术应用于复杂系统的检修工作中，能够实现从出厂前到销售后的全流程检测，并突破空间限制、缩短时间需要，提高服务效率，将制造业服务化推向新的阶段。在培训方面，实现直观高效的虚拟培训体验。在复杂的高精度制造环境中采用虚拟现实技术，能够立体展现制造场景，通过全方位的感知体验，获取高仿真、可重复、低风险的制造工艺学习体验，其典型应用如飞行器模拟驾驶舱等。随着工业 4.0 的持续推进，虚拟现实技术将在产品的设计与生产中发挥越来越重要的作用。

6. 3D 打印技术

3D 打印技术通过材料逐渐累加的方法制造实体零件。与传统的材料去除(切削加工)方法相反，采用逐层制造将材料累加起来的 3D 打印是一种"自下而上"制造方法，具有成型速度快、材料利用率高、生产周期短与数字化程度高等特点。3D 打印技术抛弃传统的刀具、夹具，大大减少加工工序，能够利用三维设计数据快速而精确地制造出任意复杂形状的零件。3D 打印技术使用的方法有很多种，图 1-7 所示为如今比较主流的几种，图 1-7(a) 为光固化立体成型(Stereo Lithography Apparatus，SLA)方法工作原理，图 1-7(b)为分层实体制造(Laminated Object Manufacturing，LOM)方法工作原理，图 1-7(c)为选择性激光烧结 (Selective Laser Sintering，SLS)方法工作原理，图 1-7(d)为熔积成型(Fused Deposition Modeling，FDM)方法工作原理等。

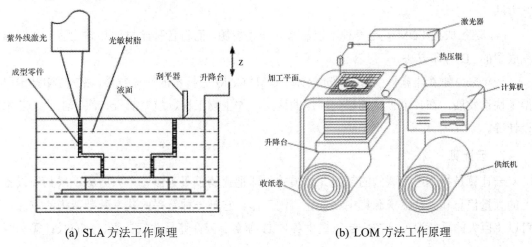

　　　　(a) SLA 方法工作原理　　　　　　　　　　(b) LOM 方法工作原理

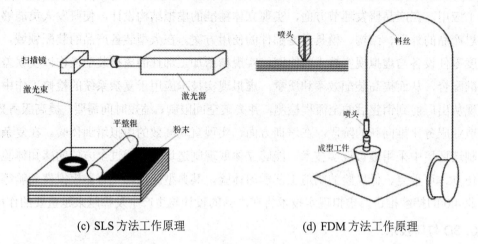

(c) SLS 方法工作原理　　　　　　　　(d) FDM 方法工作原理

图 1-7　几种主流的 3D 打印制造方法

(1) 光固化立体成型(SLA)由美国 3D Systems 公司在 20 世纪 80 年代后期推出,在树脂液槽中盛满液态光敏树脂,使其在激光束的照射下快速固化,然后工作台下降一层薄片的高度,进行第二层激光扫描固化,如此重复,直到整个产品成型完毕。

(2) 分层实体制造(LOM),供料机构将底面涂有热熔胶的箔纸一段段地送至工作台的上方。激光切割系统按照计算机控制指令来提取横截面轮廓,利用 CO2 激光束对箔材沿轮廓线切割,并通过逐层堆积的方式成型。

(3) 选择性激光烧结(SLS),采用激光器对粉末材料(塑料粉、陶瓷与黏结剂的混合粉、金属与黏结剂的混合粉等)进行选择性烧结,是一种由离散点一层层地堆积成三维实体的工艺方法。

(4) 熔积成型(FDM),是一种不依靠激光作为能源,而将各种丝材加热熔化后一层层堆积成型的 3D 打印方法。

近年来,随着计算机技术、激光技术、CAD/CAM 等技术的快速发展,3D 打印技术取得了快速发展,在各个领域都得到广泛的应用,如生物工程、航空航天、汽车工业、艺术设计等。

7. 云计算

云计算是指基于互联网的超级计算模式,即把存储于服务器、个人电脑、或其他设备上的大量信息和处理器资源集中在一起协同工作。它是一种新兴的共享基础架构的方法,可以将巨大的系统池连接在一起以提供各种 IT 服务。云计算是并行计算、分布式计算和网格计算的发展，核心理念就是通过不断提高"云"的处理能力，进而减少用户终端的处理负担，最终使用户终端简化成一个单纯的输入/输出设备，并能按需享受"云"的强大计算处理能力。云计算具有超大规模、虚拟化、通用性、高可扩展性等特点，并降低了用户对IT 专业知识的依赖，具有成本低等特点，因而得到了迅猛发展。

云计算是智能化的前提和基础。制造技术向信息化、网络化、智能化方向发展，而云计算是新一代信息技术的基石，也是智能制造的核心平台。云计算高效、稳定、安全的基础设施架构，为工业企业提供全方位的云服务和端到端的系统解决方案，实现制造业从低端制造向高端制造的转变。

8. 人工智能

人工智能(Artificial Intelligence，AI)，是研究、开发用于模拟、延伸和扩展人的智能的理论、方法、技术及应用系统的一门新的技术科学。人工智能的目的在于生产出一种能以人类智能相似的方式作出反应的智能机器。人工智能的研究领域包括机器人、语言识别、图像识别、自然语言处理和专家系统等。2016 年谷歌研制的 AlphaGo(阿尔法狗)击败世界围棋冠军，这标志着机器从感知到认知的转变，人工智能技术的发展步入了全新的时期。人工智能的本质就是让机器具有自我意识，并能够持续改进。

制造业将人工智能技术嵌入生产流程环节中，不仅使得简单重复的劳动可用机器去代替，还使得机器能够在更多复杂情况下实现自主生产，提升生产效率。例如在工艺优化方面，通过机器学习建立产品的健康模型，识别各制造环节参数对最终产品质量的影响，找到最佳生产工艺参数；又例如在智能质检方面，借助机器视觉识别，快速扫描产品质量，提高质检效率。

9. 工业网络安全

工业网络安全是工业 4.0 技术里一个非常重要的方面。随着数字化的发展以及机器设备与工厂等联网程度的不断提高，受网络攻击的风险也不断加大。尤其对于重要的基础设施，必须采取适当保护措施。

工业网络安全通过分层分域防护、集中管理运营的保护体系，划分最小安全区域，从访问控制、报文深度过滤等方面实施严格的边界防护，在安全域内部分别从主机层、网络层检测用户和机器控制行为等异常告警，进而阻止网络威胁对生产系统的影响。建立集中的工业安全中心，对全网关键节点进行在线监测、威胁量化评级、网络安全态势分析以及预警。

1.3　工业 4.0 与智能制造

1.3.1　工业 4.0 背景下的智能制造

在工业 4.0 的背景下，复杂的市场与技术环境对制造系统提出了一些新的要求和挑战。

(1) 物联化。以前由人工创建和维护的制造信息将逐步由传感器、执行器及其他设备和系统来生成。由于产品和部件之类的对象都可以自行报告，生产系统不再像过去那样完全依赖人工来完成跟踪和监控工作。

(2) 互联化。智能制造系统将实现前所未有的交互能力，不仅可以与用户、供应商和 IT 系统实现交互，而且还可以对正在监控的对象，甚至是制造过程中流动的对象实现交互。除了创建更加全面的生产视图外，这种广泛的互联还便于实现大规模的协作。

(3) 智能化。智能制造系统可以平衡各种约束和选择条件，为决策做出参考依据；还可以进行自主学习，无需人工干预就可以自行做出某些决策。使用这种智能不仅可以进行实时决策，而且还可以预测未来的情况，从过去的"感应—响应"模式转变为"预测—执行"模式。

为了应对上述要求和技术挑战，智能制造应运而生。智能制造旨在通过信息物理系统相结合的手段，面向产品全生命周期，实现泛在感知条件下的信息化制造，即在现代传感技术、网络技术、自动化技术以及人工智能等技术基础上，通过感知、人机交互、执行和反馈，实现产品设计过程、制造过程和企业管理及服务的智能化，它是信息技术与制造技术的深度融合与发展。

智能制造是市场和技术发展的必然结果。为了应对动态、复杂的市场和技术环境，制造系统必须具备敏捷化、柔性化、自动化、集成化等一系列特性。而实现这些特性的基础在于建立一个智能化的制造系统。智能化是实现敏捷化、柔性化、自动化、集成化的关键所在，它们之间的关联如图 1-8 所示。

与传统的制造系统相比，工业 4.0 背景下的智能制造系统需要具备以下基本的特性和能力。

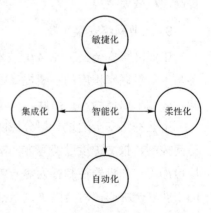

图 1-8　智能制造技术特征框架简图

(1) 可视化特性。智能制造将物理空间与信息空间相融合，实现生产过程实时透明可视化，生产过程智能精益管控，具备对制造环境、设备与工件状态、制造能力的感知和处理能力。

(2) 人机共融特性。智能制造通过人和智能机器的合作，去扩大、延伸或替代人类专家在制造过程中的劳动。人介入制造系统的手段更加丰富，以泛在感知、人工智能、先进制造等领域的单元技术融合为支撑，通过信息空间、制造空间的融合，实现人与制造系统的和谐统一。

(3) 自组织特性。智能制造系统中的各种组成单元能够根据工作任务的需要，展现柔性结构，并按照最优的方式进行工作。其柔性不仅表现在结构方式上，还表现在运行形式上。自组织特性是智能制造的一个重要标志。

(4) 智能感知能力。智能制造系统利用多源信息融合技术，搜集与理解环境信息及自身的信息，并进行分析判断和规划自身行为，根据处理结果调节控制策略，以采用最佳运行方案。

(5) 自学习和自身维护能力。在智能制造系统中，人的智能和机器智能紧密集成在一起协同工作，也就是说智能制造系统是人机一体化的混合系统。智能制造系统能够以专家知识为基础，在实践中不断进行学习、修正及完善系统的知识库，使知识库更趋合理。同时，还能对系统故障进行预测、诊断、排除及修复。这种特性使智能制造系统能够自我优化，并使整个制造系统具备抗干扰自适应和容错等能力。

(6) 整个制造系统的智能集成能力。智能制造系统在强调各个子系统智能化的同时，更注重整个制造系统的智能集成。这是智能制造系统与面向制造过程中特定应用的"智能化孤岛"的根本区别。智能制造系统包括了各个子系统，并把它们集成为一个整体，实现整体的智能化。

(7) 制造资源的社会化服务特性。制造资源的社会化服务成为一种趋势，与制造相关的支持技术和服务能力空前提升，面向制造需求的社会化资源和服务不断出现，并将逐渐丰富；全球化的制造服务网络逐渐形成，全球范围的无边界生产组织成为主流。制造服务企业专业化高效运行，制造资源的社会化无缝集成，使得制造可以在无边界企业意义上的社会化环境下及时重组，实现更大跨度的资源集成。全生命周期的制造过程将由全球范围内的多元企业，以社会化无缝集成的方式来完成，真正实现制造业的无边界组织。

总之，在工业 4.0 的支撑下，智能化将贯穿制造活动的全过程。随着人工智能、物联网、大数据等工业 4.0 核心技术的发展，制造系统的智能化程度将不断提高。

1.3.2　智能制造的发展与研究状况

随着制造技术及相关的自动化、信息、管理等技术的发展，生产制造模式也在不断发展和变化。制造模式已经从基于流水线的大批量生产模式，发展到当今的计算机集成制造、敏捷制造、精益生产、批量定制、绿色制造、网络化制造等先进制造方式。这些先进制造模式是智能制造的典型代表，各自在某些方面体现了智能制造的技术特征，下面对它们进行介绍。

1. 计算机集成制造系统

计算机集成制造系统(Computer Integrated Manufacturing Systems, CIMS)，将传统的制造技术与现代信息技术、管理技术、自动化技术、系统工程技术等有机结合，借助计算机技术把分散在产品设计制造过程中各种孤立的自动化子系统有机地集成起来，形成适用于多品种、小批量生产，实现整体效益的集成化和智能化制造系统。计算机集成制造系统使得企业产品全生命周期，从市场需求分析、产品定义、研究开发、设计、制造、支持，到产品服务等各阶段活动中的组织、经营管理和技术三大要素及其信息流、物流和价值流有机集成并优化运行，实现企业制造活动的计算机化、信息化和集成化。图 1-9 所示为 CIMS 总体结构轮图。

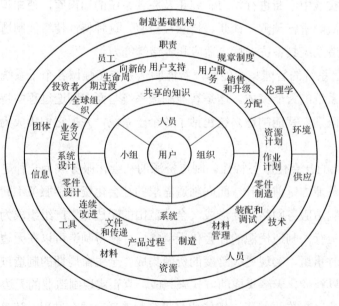

图 1-9　CIMS 总体结构轮图

2. 敏捷制造

敏捷制造是指制造企业为了适应变化的市场和取得竞争优势，采用现代技术手段，通过快速配置各种资源(包括技术、管理和人员)，以有效和协调的方式响应用户需求，实现制造的敏捷性。敏捷制造主要包括三个要素：生产技术、组织方式、管理手段。对于生产技术来说，具有高度柔性的生产设备是敏捷制造的必要条件。敏捷制造采用柔性化、模块化的产品设计方法和可重组的工艺设备，使产品的功能和性能可根据用户的具体需要进行改变，并借助仿真技术可让用户很方便地参与设计，从而很快地生产出满足用户需要的产品。

3. 精益生产

精益生产衍生自丰田生产方式，从过去仅关注生产现场的生产方式，转变为库存控制、生产计划管理、流程改进、成本管理、供应链协同优化、产品生命周期管理、质量管理、设备资源和人力资源管理、市场开发及销售管理等企业经营管理涉及的诸多层面。精益生产通过系统结构、人员组织、运行方式和市场供求等方面的变革，使生产系统能很快适应用户需求不断变化，并能使生产过程中一切无用、多余的东西被精简，最终达到包括市场供销在内的生产的最佳结果。与传统的大生产方式不同，其特色是"多品种"、"小批量"。

4. 批量定制

为了适应世界市场的变化，批量定制生产以其效率和成本优势，快速向用户提供产品的定制化生产，很好地迎合了市场的需求。批量定制的基本思想是将定制产品的生产问题通过产品结构和制造过程的重组转化为或部分转化为批量生产问题。对用户而言，所得到的产品是定制的、个性化的；对生产厂家而言，该产品则是采用大量生产方式制造的成熟产品。按照用户需求对企业生产活动影响的不同，即用户订单分离点在企业生产过程中位置的不同，可以进一步将批量定制分为按订单销售(Sale-to-Order，STO)、按订单装配(Assemble-to-Order，ATO)、按订单制造(Make-to-Order，MTO)和按订单设计(Engineer-to-Order，ETO)四种类型。

5. 绿色制造

绿色制造是一个综合考虑环境影响和资源消耗的现代制造模式，其目标是使得产品从设计、制造、包装、运输、使用到报废处理的整个生命周期中，对环境面影响最小，资源利用率最高，使得企业经济效益和社会效益协调优化。绿色集成制造系统(Green

Integrated Manufacturing System，GIMS)是一种可持续发展的企业组织、管理和运行的新模式。绿色集成制造系统综合运用现代制造技术、信息技术、管理技术和环境技术等，将企业各项活动中的人、技术、经营管理、资源物资和生态环境，以及信息流、物料流、能量流和资金流有机集成，并实现企业和生态环境整体优化，争取良好的经济效益和社会效益。

6. 网络化制造

20 世纪 90 年代以来，随着互联网的迅速发展，网络技术对产品设计、制造、销售及售后服务的各个环节产生巨大影响，一系列的新技术、新设备和新方法使传统制造业发生了巨大变化。在这种背景下，一种新的制造模式——网络化制造正在形成。网络化制造是制造业利用网络技术开展的产品开发、设计、制造、销售、采购和管理等一系列活动的总称。它是一种市场需求驱动的、具有快速响应机制的制造模式。网络化制造是传统制造业在网络经济中采取的必然行动，利用网络技术可使得企业内部信息和知识实现高度集成和共享，企业与企业之间联系更加密切使企业资源得到更加充分的利用，同时企业与用户的沟通更加便捷，用户可以参与到企业的产品设计。

7. 可重组制造系统

可重组制造系统是一种能按市场需求变化和设计规划的规定，以重排、重复利用和更新元素或子系统等方式，实现以较低的重组成本快速调整制造过程的功能和生产能力的可变制造系统。可重组制造系统能够解决提高生产效率和柔性制造之间的矛盾；能够缩短系统重组所需的周期，迅速达到规定的产量和质量；充分利用已有的资源，减少重组制造系统所需的费用。可重组制造系统具有以下特点：制造系统的生产管理和控制软件具有高度灵活的重构性；制造装备便于更新组合，具有使用新需求的复用性；生产规模具有敏捷的可调整性等。

上述七种典型制造方式与智能制造是密切联系、相互依存的，这些制造方式仍然在不断发展中，智能制造也从这些典型制造方式中汲取相关技术特征。制造业向智能化的方向发展是工业 4.0 最终要实现的目标。

1.3.3　智能制造的技术框架

智能制造涉及的技术内容非常广泛，以下对其技术框架中涉及的主要内容进行介绍。

自主做出判断或决策；执行驱动单元是指根据决策处理单元的控

行状态、研发和生产等做出快速应对和准确执行。另外，整个智能

接口、网络接口、机-机接口与其他外部设备连接，实现整个系统的动

智能制造技术实现了从人工智能到机器智能、从机器智能再到系统智

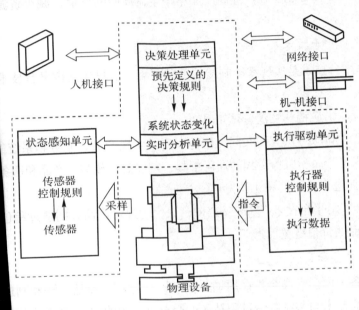

图 1-11 智能制造系统的典型结构

的一般发展规律可以看出，智能制造技术的发展规律是先从单个技术点实

然后实现从智能制造单元、智能制造装备、智能制造生产线系统、智能车

演进，最后实现全行业的智能制造联盟。从智能制造系统的功能和实施范

能制造系统划分为以下六个层级：

造单元。智能制造单元是智能制造系统的最底层、最基础的构成部分，是

分析、决策能力的基础元器件构成的基本逻辑结构。

造装备。智能制造装备中包含了若干智能制造单元，并能实现相对完整的

包括装备本体及在装备中运行的软件系统和与之匹配的配套设施。

生产线。智能制造生产线将若干智能制造单元从物理或逻辑上进行关联，

部的智能调度与管控系统实现各制造单元的协作。

车间。智能制造车间是由若干条智能生产线以及车间层级的智能决策系

1. 智能制造的标准体系

建立智能制造基础理论与技术标准体系，涉及过程智能化、制造过程智能化和制造装备智能化的基础理论与共性关键技术。完善智能制造基础技术、技术规范与标准制定，可为制造业实现高效、低碳、安全运行和可持续发展提供基础理论和技术支撑。《国家智能制造标准体系建设指南》对智能制造标准体系现有着具体的说明，智能制造标准体系结构包括"A 基础共性"、"B 关键技术"、"C 行业应用"等三个部分，主要反映标准体系各部分的组成关系。智能制造标准体系结构图如图 1-10 所示。

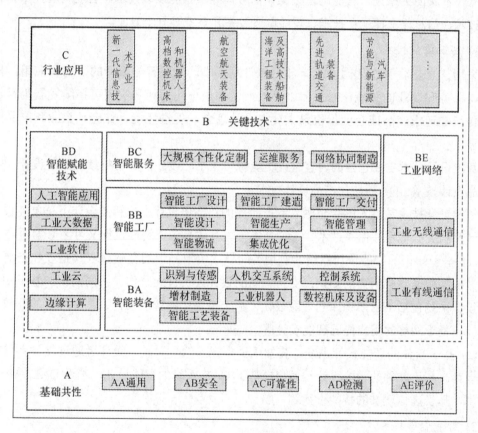

图 1-10 智能制造标准体系结构图

基础共性标准包括通用、安全、可靠性、检测、评价等五大类，位于智能制造标准体系结构图的最底层，是关键技术标准和行业应用标准的支撑。关键技术标准是智能制造系统架构中智能特征维度在生命周期维度和系统层级维度的表征，其中 BA 智能装备对应智

能特征维度的资源要素，BB 智能工厂对应智能特征维度的资源要素和系统集成，BC 智能
服务对应智能特征维度的新兴业态，BD 智能赋能技术对应智能特征维度的融合共享，BE
工业网络对应智能特征维度的互联互通。行业应用标准位于智能制造标准体系结构图的最
顶层，面向行业具体需求，对基础共性标准和关键技术标准进行细化和落地，指导各行业
推进智能制造。

2. 智能制造关键技术

从技术层面上来说，智能制造关键技术可体现在智能设计技术、智能制造技术、智能
管理技术、信息化支撑平台技术、智能制造装备和系统等五个方面。

1) 智能设计技术

采用信息化、智能化的技术、部件和研发手段，开展智能设计的研究和应用，提高
产品、服务和企业的智能化水平，以高效、资源最小化消耗和实现可持续发展为目标，
改善传统的追求产品或企业价值最大化的设计理念，促进环境、社会、企业和产品的和
谐发展。

智能设计技术主要包括的内容有：① 能源自主工厂设计；② 可持续供应链设计；③ 绿
色产品设计技术；④ 模块化产品设计技术。

智能设计技术是将人的智慧融入到产品等的数字化设计中。智能设计不是单纯技术问
题，涉及制度、管理、信息技术、工程技术等。具体来说，智能设计又可区分为两类：

(1) 基于知识的智能设计系统。利用智能技术实现知识的有效获取、整理和推送，使
设计者能够快速获取所需的知识；支持不同的设计人员彼此合作，协同创新。基于知识的
智能设计系统包括基于知识库的智能设计、基于模块化的智能设计、基于网络的开放式智
能设计、基于网络的用户协同智能设计等。

(2) 基于软件的智能设计系统。将知识模型嵌入软件系统，设计者通过软件系统进行
产品设计。基于软件的智能设计技术包括基于 CAD 系统的智能设计、基于 CAE 系统的智
能技术、基于虚拟现实的智能设计等。

2) 智能制造技术

实施智能制造技术，就是要在制造过程和管理中充分利用物联网技术、大数据技术和
现代管理理念等，提高制造过程的智能化水平，提升制造效率和产品质量，减少废物排放
和能源消耗，实现企业、环境和社会的可持续发展。例如在产品和装备中嵌入智能装置，
并通过无线方式接入网络，利用智能控制系统对其进行远程监控，实时采集数据，远程监

控和分析制造过程，提高制造质量。与此同时，还可以
测性维护。

3) 智能管理技术

基于智能信息感知和泛在的信息服务技术，采用先
的全生命周期过程进行智能管理，提高产品整个生命周
对环境的不利影响。

4) 信息化支撑平台技术

信息化支撑平台技术是实现智能制造的基础环境
主要内容：

① 先进的集成供应链和物流管理工具；

② 建立生产者和服务供应商共同工作的网络，

③ 建立集成化产品和服务工程的通用框架，发
其接口和流程，促进多方协同和协调发展；

④ 无线综合应用平台技术，基于物联网技术，
取和访问，使产品的价值链更加透明。

5) 智能制造装备和系统

智能制造装备是面向产品全生命周期，实现
是信息技术和智能技术与装备制造过程技术的深
实现自动、柔性和敏捷制造，提高产品质量、生
排放。智能制造装备的范畴很广，包括数控机床
自动化柔性生产线、成套工艺关键装备等。

智能制造系统是一种由智能装备和人共同组
诸多环节中，以一种高度柔性与集成的方式，进
推理、构思和决策。智能制造系统主要包括柔性
约的制造系统等。

图 1-11 所示为智能制造系统的典型结构
决策处理单元、执行驱动单元。状态感知单元
备的实时运行状态；实时分析单元是指通过
实时传输、存储，并快速、准确的分析；决

定的规则，
求、企业运行
还通过人机接
和智能控制。
进步和发展。

从制造技术
现智能化突破，
间到智能工厂的
围分析，可将智

(1) 智能制
由具有一定感知

(2) 智能制
智能制造活动，

(3) 智能制
并通过生产线内部

(4) 智能制

统、仓储/物流系统等构成。

(5) 智能制造工厂。若干智能制造车间形成了智能制造工厂的生产能力。此外,智能制造工厂还包括经营决策系统、采购系统、订购与交付系统等。

(6) 智能制造联盟。智能制造联盟以物联网和互联网为依托,支持企业之间业务的协同,进而实现在全价值链中端到端的集成。联盟的运作具有灵活性、动态性等特点,这种全新的企业组织模式正在促进制造领域的结构变革和商业模式的转变。

第 2 章　柔性制造技术概论

　　柔性制造是工业 4.0 及智能制造的一大特征，也是本书所阐述的基于工业 4.0 柔性装配技术的本质特征。本章从柔性制造系统出发，介绍柔性制造系统的主要组成及关键技术，以及工业 4.0 下的柔性制造特点。

2.1　柔性制造系统

　　柔性制造系统(Flexible Manufacturing System，FMS)是以数控机床或加工中心为基础，配以物料自动化传输、装夹、检测、处理以及存储等装置，与电子计算机控制系统所组成的制造系统。各种设备在计算机柔性制造管理系统的控制下，连续、有序、高效地运行。柔性制造系统可同时加工形状相近的一组或一类产品，适合多品种、小批量的高效制造模式。

　　与柔性制造系统相对应的是刚性制造系统，它是用工件输送系统将各种刚性自动化加工设备和辅助设备按一定的顺序连接起来，在控制系统的作用下完成零件加工的。刚性制造系统一般完成单一规格大批量的生产任务，而柔性制造系统因其拥有控制整个柔性制造系统的计算机管理系统，往往承担多品种变批量的生产任务。柔性制造系统中，当被加工的零件的品种(或批量)变更时，不必变更加工制造设备，只需更换相应的控制流程和加工程序就能完成新的制造任务。

2.1.1　柔性制造系统的基本概念

　　柔性制造系统从组成结构上来说，主要由加工系统、物流系统、控制与管理系统组成，如图 2-1 所示。

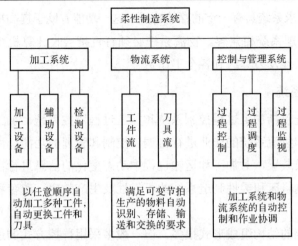

图 2-1　柔性制造系统的基本组成框图

1. 加工系统

加工系统以任意顺序自动加工各种工件，并能够自动更换刀具。柔性制造系统的加工系统通常是多工位的，数控机床、加工中心或其他加工设备可作为加工系统的一个工作站，进行产品的加工制造。

2. 物流系统

物流系统由工件流和刀具流两部分构成，需满足可变节拍生产的工件或刀具的自动识别、输送、搬运和存储等要求，主要完成工件、毛坯、半成品、成品等的出入库，工件在各个加工工位间及各辅助工位间的搬运、输送及装卸任务，刀具在加工工作站进行切换等。物流系统是柔性制造系统的一个重要组成部分，该系统的合理设计，可以大大减少物料的运送时间和刀具的更换时间，提高整个制造系统的柔性和效率。在柔性制造系统中，物流系统主要完成以下功能：

(1) 使工件在工作站间随机而独立的运动。利用输送装置，如传送带、轨道、转盘以及机械手等，将工件从一台机床或设备传送到另一台，以实现各种加工处理程序。同时，在某些机床过于繁忙时，它应有替代功能，保证整个 FMS 的正常运行。

(2) 能装卸不同形状和尺寸大小的工件。不规则的工件通常利用传输系统中的托盘夹具实现装夹与传输，托盘夹具往往利用通用件的快速交换与快速组合完成工件的定位与装夹。对于回转件，经常用工业机器人进行工件的装卸和工作站之间的工件传送。

(3) 存储功能。通常 FMS 中有相当数量的工件未处在加工或处理状态，即有不少工件处于等待状态，这就要求系统具有一定的存储功能，这一功能有助于提高机床的利用率。

(4) 和控制与管理系统相兼容。物流系统必须有直接接收计算机控制的能力，并能根据计算机的指令把工件及刀具送到各个工作站。

3. 控制与管理系统

控制与管理系统包括加工过程控制系统和加工过程监控系统。加工过程控制系统是实现对整个加工系统和物流系统的作业进行协调、控制和管理的功能。而加工过程监控系统依靠实时监控技术及装置，对加工和运输过程中动态变化的信息进行自动检测、处理、判断和反馈控制，提高机床和柔性制造系统的可靠性及生产效率，改善和保障加工质量，降低废品率和成本。

控制与管理系统的结构组成形式很多，但一般多采用群控方式的递阶形式。第一级主要是各个工艺设备的计算机数控装置(CNC)，实现各加工过程的控制；第二级为群控计算机，负责把来自第三级计算机的生产计划和数控指令等信息，分配给第一级中有关设备的数控装置，同时把它们的运转状况信息上报给上级计算机；第三级是 FMS 的主计算机(控制计算机)，其功能是制订生产作业计划，实施 FMS 运行状态的管理及各种数据的管理；第四级是全厂的管理计算机。

2.1.2　柔性制造系统的类型

柔性制造系统能根据制造任务或生产环境的变化迅速进行调整，适用于多品种、小批量生产。按照规模的大小，可将柔性制造系统分为柔性制造单元、柔性制造单元群、柔性制造系统和柔性制造工厂。

1. 柔性制造单元

柔性制造单元通常由单台数控机床或加工中心、工件自动装卸装置(铰接臂、机器人或自动托盘交换装置等)、物料暂存装置等组成，能够从事长时间的自动化制造。图 2-2 所示为单台 CNC 机床进行加工，利用传送带和机器人进行工件输送的柔性制造单元结构示意图。

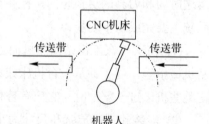

图 2-2　柔性制造单元的结构示意图

2. 柔性制造单元群

柔性制造单元群，一般是由自动物流传输系统将多个柔性制造单元连接起来，或者控制管理系统用统一的生产调度计划把几个柔性制造单元组合起来的一个总体系统。柔性制造单元群实际上是一个小型的柔性制造系统。

3. 柔性制造系统

柔性制造系统是由自动物流系统将若干台柔性制造单元有机结合起来组成的独立的制造系统，同时由分布式计算机控制系统实现对加工任务的管理、调度及控制。柔性制造系统的机械设备不仅仅有数控机床或加工中心，还有测量机、特种加工设备等其他设备。

4. 柔性制造工厂

柔性制造工厂是柔性制造的发展方向。柔性制造工厂是依靠控制与管理系统对全厂内的生产计划、生产调度、加工过程和物料传输过程进行管理和控制，实现全厂范围内的完全自动化生产。在柔性制造工厂内，数控机床种类和数量要能够满足各种形状、尺寸和材料零件的加工。柔性制造工厂内的自动化物流系统要能在全厂范围内实现从毛坯到零件成型整个过程的物料传输、装卸、存储及入库等工作，同时要完成刀具的自动更换，包括磨损刀具的自动更换等。

2.1.3　柔性制造系统的特点

柔性制造实际上是以用户需求为导向的定制生产方式来取代传统的大规模量产式生产模式。在柔性制造中，柔性主要体现在生产能力的柔性反应能力，主要体现在以下几方面：

(1) 机器柔性。当要求生产一系列不同类型的产品时，机器具有随产品变化而加工不同零件的能力。

(2) 工艺柔性。当工艺流程不变时，柔性制造系统具有自身适应产品或原材料变化的能力。即当柔性制造系统为适应产品或原材料等变化，可以改变相应工艺的难度。

(3) 产品柔性。产品更新后，系统能够非常经济和迅速地生产出新产品的能力；再就是产品更新后，柔性制造系统对老产品有用特性的继承和兼容能力。

(4) 维护柔性。柔性制造系统采用多种方式查询、预测和处理故障，保障生产正常进行的能力。

(5) 扩展柔性。当生产需要的时候，可以很容易地扩展系统结构、增加模块，构成一个更大系统的能力。

(6) 运行柔性。利用不同的机器、材料、工艺流程来生产一系列产品的能力和同样的产品，换用不同工序加工的能力。

总之，柔性制造系统是一个技术复杂、高度自动化的制造系统，能够根据需求做出快速调整，适应多品种、小批量的生产。相比于传统的大规模刚性制造，柔性制造系统具有以下优点：

(1) 混流加工。能同时适应多品种的生产，具备多机床下零件的混流加工能力，且无需增加额外费用。

(2) 减少设备投资和占地面积。柔性制造系统的机床等设备的利用率高，能够用较少的设备完成同样的工作量。

(3) 系统灵活度大，维持生产能力强。系统中个别设备发生故障时，可通过控制系统调度其他设备代替，而不致影响生产。

(4) 零件加工质量高且稳定。柔性制造系统具有较高的自动化水平装夹次数少，高质量的夹具和监控设备都有利于提高零件加工的质量。

2.1.4　柔性装配系统

从产品的生产特征来看，柔性制造系统包括制造和装配两个方面，柔性制造侧重产品(包括零部件)的制造，而柔性装配则是利用已有的零部件进行产品装配。实际上，柔性装配系统也是柔性制造系统的一个分支。本书为了阐述轴承的柔性装配技术，将柔性装配系统与柔性制造系统区分开来。

柔性装配系统能够柔性地完成多品种、中小批量产品的装配工作，如本书中的轴承柔性装配线。除了具有柔性制造的机器柔性、工艺柔性等一般特征外，柔性装配系统的柔性还体现在计算机软件系统上，对应不同的装配作业，只需更换相应的计算机程序就能完成预定的作业计划。具体来说，柔性装配系统应具备如下功能：

① 能够适应多品种生产，产品更新换代灵活；

② 能适应零件形状尺寸变更，具有零件个数和生产工艺变化等的互换性；

③ 具有容易变更作业程序的能力；

④ 具有补偿零件尺寸偏移和定位误差完成所定目标的能力；

⑤ 每个构成要素高功能化，且能够有机结合。

通常由熟练技术工人承担多品种、小批量产品的装配作业，而装配流水线完成少品种、大批量生产的装配作业。与工人装配和流水线装配不同，柔性装配系统则主要体现在多品种、中小批量生产中的装配作业。柔性装配系统通常由装配站、物料输送装置和控制系统等组成。装配站可以是可编程的装配机器人、不可编程的自动装配装置或人工装配。在柔性装配系统中，输入的是组成产品或部件的各种零件，输出的是产品或部件。根据装配工艺流程，物料输送装置将不同的零件和已装配成的半成品送到相应的装配站。

2.2　柔性制造系统的主要组成

柔性制造系统由加工系统、物流系统和计算机控制与管理系统这三部分组成。本节对这些组成部分进行详细说明。

2.2.1　柔性制造的加工系统

柔性制造系统要求机械加工系统能以任意顺序自动加工各种工件，并且能够自动地更换工件和刀具。常见的是两台以上的数控机床或高度自动化的加工中心以及其他加工设备构成，可完成工件的成型加工。

1. 柔性制造系统选择加工设备的原则

柔性制造系统对集成于其中的加工设备是有一定要求的，不是任何设备都能纳入到柔性加工系统中。柔性制造系统对加工设备的要求有：

(1) 加工工序集中。由于柔性制造系统是适应多品种小批量加工的高度自动化制造系统，为提高生产效率，要求加工工位数量尽可能少，而且接近满负荷工作。此外，加工工位较少，还可减轻工件流的输出负担，所以同一机床加工工位上的加工工序较为集中，这也就成为柔性制造系统中机床的主要特征。可选择多功能机床、加工中心等，以减少工位数和减轻物流负担，提高生产效率，并保证加工质量。

(2) 控制能力强、扩展性好。柔性制造系统所采用的机床必须适合纳入整个制造系统，因此，机床的控制系统不仅要能实现自动加工循环，还要能够适应加工对象的改变，易于重新调整，也就是说具有"机器柔性"和"扩展柔性"。数控机床和加工中心等具有较强的外部通信功能和内部管理功能，且内装有可编程控制器，易于实现与上下料、检测等辅助装置的连接和增加各种辅助功能，方便系统地调整与扩展。

(3) 兼顾柔性和生产效率。柔性制造系统要具备生产柔性，能完成多种类型工件的加工，但又不能像普通万能机床一样只能单件生产，要保证生产效率。同时，柔性制造系统还要考虑到工作的可靠性和机床的负荷率。通常有三种加工机床的配置方案：互替机床、互补机床和混合机床，其特征如表 2-1 所示。

表 2-1　机床的配置方案及特征

特征	互替机床	互补机床	混合机床
简图			
生产柔性	中(多功能机床)	低(专用机床组成)	高
生产率	低	高	中
技术利用率	低	高	高
系统可靠性	高	低	中
价格	高	低	中

互替机床就是纳入系统的机床可以互相替代。例如，由加工中心组成的柔性制造系统，在加工中心上可以完成多种工序的加工，有时一台加工中心就能完成工件的全部工序，工件可随机地输送到系统中恰好空闲的加工工位。互替机床加工系统具有较宽的工艺范围，而且可以达到较高的时间利用率。从系统的输入和输出的角度来看，它是并联环节，因而增加了系统的可靠性，当某台机床发生故障时，系统仍能正常工作。

互补机床就是纳入系统的机床是互相补充的，各自完成某些特定工序，各机床之间不能相互取代，工件在一定程度上必须按照顺序经过工位。它的特点是生产率高，机床利用率较高，可以有效发挥机床的性能，但是互补机床的柔性较低。由于工艺范围较窄，因而加工负荷率往往不满。从系统输入输出的角度来看，互补机床是串联环节，它减弱了系统的可靠性，即当其中一台机床发生故障时，系统就不能正常工作。

现有的柔性制造系统大多是互替和互补机床混合使用，兼具了两者的长处，具有可靠性和加工效率高等优点。

(4) 高性能。选择刚度高、速度较高(主轴转速和进给速度)、高精度、切削能力强、加工质量稳定、生产效率高的机床。

(5) 具有自保护装置和能力。机床设置有自动检测和补偿功能，有应对突发时间的监视和处理能力。如设有切削力过载保护、功率过载保护、行程与工作区域限制等。

(6) 具有必要的辅助设备。机床要具备大流量的切削冷却设备和自动排屑装置以延长刀具使用寿命，维持系统安全、稳定、长时间的无人值守自动运行。

(7) 环境的适应性好。对工作环境的温度、湿度、噪声、粉尘等要求不高。

2. 柔性制造系统中的典型加工设备

为满足生产柔性化和提高生产率的需求，近年来，柔性制造系统中机床的类型也越来越多，下面将简要介绍应用于柔性制造系统的两种典型自动化加工设备：数控加工中心和车削中心。

1) 数控加工中心

数控加工中心是一种由机械设备和数控系统组成的备有刀库，并能按预定程序自动更换刀具，对工件进行多工序加工的高效自动化机床。其最大特点是工序集中和自动化程度高，可减少工件装夹次数，避免工件多次装夹及定位所产生的累计误差，能进行自动换刀，可节省辅助时间，实现高质量、高效率的加工过程。

数控加工中心具有以下几种主要功能：

(1) 刀具存储与自动换刀。带有刀库和自动换刀装置，能够完成多种换刀、选刀功能。

(2) 工件自动交换。将完工的工件从加工中心搬走，将代加工的工件送给加工中心。

(3) 使用传感器完成工件的自动找正和刀具破损检测。

(4) 加工尺寸检测与自动补偿。通过试切和传感器测量加工尺寸，计算测量尺寸与工程尺寸的差值，控制器控制刀具做出相应的补偿动作，然后进行切削加工。

(5) 自动监控。实时监控不同切削状态下的主轴电机功率和主轴振动，并通过自适应控制器将测量值与设定值进行比较分析，根据分析结果迅速调整切削参数，降低刀具和机床的损坏，使加工中心保持最佳的切削状态。

常见的数控加工中心按照不同的规则可分为多种类型：

(1) 按加工中心的立柱数量可分为：单柱式加工中心、双柱式加工中心。

(2) 按主轴加工时的位置可分为：立式加工中心、卧式加工中心、立卧两用加工中心。

(3) 按功能特征可分为：单工作台、双工作台和多工作台加工中心，单轴、双轴、三轴及可换主轴加工中心等。

2) 车削中心

车削中心是一种高精度、高效率的自动化机床，它是以车床为基体，并在其基础上进一步增加动力铣、钻、镗，以及副主轴的功能，使工件需要多次加工的工序在车削中心上一次完成；并具有自动交换刀具和工件的功能，能对多种工件实施柔性自动加工。车削中心的主传动系统与数控机床基本相同，采用直流电机或交流主轴电机作为主动力源，通过带传动和主轴箱内的减速箱带动主轴旋转，还可以通过增加数控轴的坐标功能，实现车削、铣削、钻孔等状态功能的转换。

常见的车削中心的类型有：

(1) 按主轴方位可分为：立式车削中心、卧式车削中心。

(2) 按立柱数可分为：单立柱车削中心、双立柱车削中心。

(3) 按刀架数可分为：单刀架车削中心、双刀架车削中心。

(4) 按控制轴数可分为：三轴控制车削中心、四轴控制车削中心。

2.2.2 柔性制造的物流系统

物流系统是柔性制造系统的重要组成部分。一个工件从毛坯到成品的整个过程中，只有相当小的一部分时间在机床上进行加工，大部分时间消耗在物料的输送和存储的过程中。合理地设计物料存储和输送系统，可以大大减少非加工时间，提高整个系统的效率。柔性制造中的物流系统通常包括输送和存储两部分。从工件流、刀具流和配套流的形式来看，原材料、半成品、成品构成工件流；刀具、夹具构成工具流；托盘、辅助材料、备件等构成配套流。

柔性制造中的物流系统与传统的自动线或流水线有很大的区别。它的工件输送系统是不按固定节拍运送工件的，而且没有固定顺序，甚至是几种工件混杂在一起输送。也就是说，整个工件输送和工作状态是可以随机调度的，而且均设置有储料库以调节各工位加工时间的差异。下面对柔性制造中常见的输送装置和存储装置分别进行介绍和说明。

1. 输送系统

在柔性制造系统中，目前比较实用的输送系统主要有传送带输送系统、自动运输小车和搬运机器人。

1) 传送带输送系统

传送带输送系统是目前制造系统中应用最为广泛的输送系统，其输送能力大、运距长，用来在各加工装置或工位间进行物料、半成品和成品的输送。传送带的适用范围广，除黏度特别大的物料外，一般固态物料或零件等均可用它输送。传送带的输送方式多样，可以水平、倾斜或垂直输送，也可组成空间输送线路，但输送线路一般是固定的。

2) 自动运输小车

自动运输小车根据有无轨道可分为有轨小车和无轨小车，其区别在于有无固定轨道。

有轨小车可按照指令自动移动至指定工位，实现物料的按轨道往返输送。有轨小车有许多优点，其加速过程和移动速度都比较快，适合搬运重型工件，且因为轨道固定，行走平稳，停车时定位精度高，输送距离大。有轨小车的控制系统相对无轨小车简单，制造成本低，便于推广。但由于必须依靠轨道，一旦将轨道铺设好，就不便改动。另外，转弯的角度不能太小。

无轨小车，或称为自动导引小车(Automatic Guided Vehicle，AGV)，是目前自动化物流系统中具有较大优势和潜力的物流输送装置。AGV 属于轮式移动机器人的范畴，它装备有电磁或光学等自动导引装置，能够沿导引路径前行，并具有安全保护功能。图 2-3 所示为AGV 小车组成原理，它主要由底板设备及 AGV 系统控制器、监控系统和智能充电系统等部分构成。

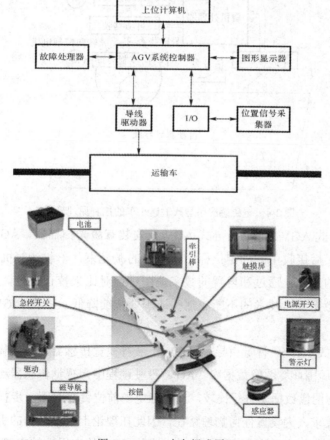

图 2-3　AGV 小车组成原理

　　AGV 的导引装置是 AGV 的核心。目前，常见的形式主要有：

　　(1) 电磁感应引导式。在地面上沿预先设定的行驶路径埋设电缆，当高频电流流经时，导线周围产生电磁场，AGV 上左右对称安装有两个电磁感应器，它们所接收的电磁信号的强度差异可以反映 AGV 偏离路径的程度。AGV 的自动控制系统根据这种偏差来控制车辆的转向，连续的动态闭环控制能够保证 AGV 对设定路径的稳定自动跟踪。这种电磁感应引导式导航方法在绝大多数商业化的 AGV 上使用，尤其是适用于大中型 AGV。图 2-4 所示为电磁感应引导式输送小车的控制原理简图。

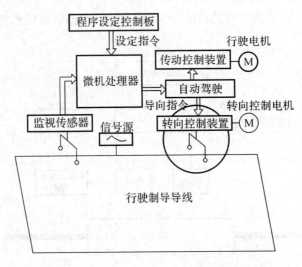

图 2-4　电磁感应引导式输送小车的控制原理简图

　　(2) 激光引导式 AGV。激光引导式 AGV 上安装有激光扫描器，AGV 依靠激光扫描器发射激光束，然后接收由四周定位标志反射回的激光束，车载计算机计算出车辆当前的位置以及运动的方向，通过和内置的数字地图进行对比来校正方位，从而实现导向和自动搬运。随着激光雷达技术的不断成熟和成本的持续降低，该种 AGV 的应用越来越普遍。

　　(3) 视觉引导式 AGV。视觉引导式 AGV 上装有视觉传感器，在车载计算机中设置有 AGV 欲行驶路径周围环境图像数据库。AGV 行驶过程中，视觉传感器动态获取车辆周围环境图像信息并与图像数据库进行比较，从而确定当前位置并对下一步行驶作出决策。这种 AGV 由于不要求人为设置任何物理路径，因此在理论上具有最佳的引导柔性。随着计算机图像采集、储存和处理技术的飞速发展，该种 AGV 的实用性越来越强。

目前，无轨小车在柔性制造系统中正大量使用，因为其不需铺设固定轨道，不占用空间，所以能够灵活靠近机床等加工设备或生产线进行物料的输送。再就是无轨小车的配置灵活，几乎可完成任意曲线的输送任务，当主机配置有改动或增加时，很容易改变巡行路线及扩展服务对象，适应性强。

2. 存储系统

物料存储系统与输送系统、加工设备等连接，可以提高加工单元和 FMS 的生产能力。对大多数工件来说，将自动存储系统视为库房工具，用以跟踪记录材料、工件和刀具的输入输出、存储。目前常用的物料存储系统主要有工件装卸站、托盘缓冲站和立体仓库。

1) 工件装卸站

在物流系统中，工件装卸站是工件进出系统的地方。柔性制造系统如果采用托盘装夹和运送工件，则工件装卸站必须有可与小车等托盘输送系统交换托盘的工位。工件装卸站的工位上安装有传感器，与柔性制造系统的控制管理单元连接，用于装卸结束的信息输入，以及要求装卸的指令输出。

2) 托盘缓冲站

在物流系统中，除了设置适当的中央料库和托盘库外，还必须设置各种形式的缓冲存储区来保证系统的柔性。因为在生产线中会出现偶然的故障，如刀具折断或机床故障，为了不致阻塞工件向其他工位的输送，输送线路中可设置若干个侧回路或多个交叉点的并行物料库，以暂时存放故障工位上的工件。

3) 立体仓库

立体仓库是柔性制造系统的重要组成部分，以它为中心组成了一个毛坯、半成品、配套件或成品的自动存储系统，能大大提高物料存储与流通的自动化程度，提高管理水平。

图 2-5 所示为典型的自动化立体仓库示意图。仓库库房由一些货架组成，货架之间留有巷道，根据需要可以有一到若干条巷道。一般情况下入库和出库都布置在巷道的某一端，有时也可以设计成由巷道的两端入库和出库。每个巷道都有自己专用的堆垛起重机，如图 2-6 所示。堆垛起重机可采用有轨和无轨方式，其控制原理与运输小车相似，只是起重的高度比较高。货架通常由一些尺寸一致的货格组成。进入高仓位的工件通常先装入标准的货箱内，然后再将货箱装入高仓位的货格中，每个货格存放的工件或货箱的重量一般不超过 1 t，其尺寸大小不超过 1 m^3，过大的重型工件因搬运提升困难，一般不存储入自动化仓库中。

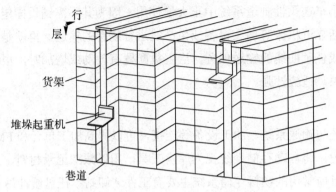

图 2-5　典型的自动化立体仓库示意图

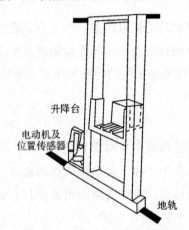

图 2-6　堆垛起重机示意图

立体仓库的计算机控制系统能够利用条形码、二维码或 RFID 等对货箱进行识别，并通过货柜地址编码单元将货箱移进或移出立体仓库。立体仓库的计算机控制单元作为柔性制造系统的子系统，在整个柔性制造控制的作用下工作。

2.2.3　柔性制造的控制与管理系统

柔性制造系统常采用多级分布式原理来实现对整个系统的控制和管理，如图 2-7 所示，可以把该结构看成四个控制层级，从下向上分别是设备级、车间级、工厂级和公司级。设备级控制的主体主要是各个加工设备或辅助设备的控制装置，如 PLC、NC 和各类控制器，能够实现各加工过程或辅助功能的控制；车间级为单元计算机、单元控制器和数据通信系统，负责把来自工厂级的生产计划等信息分配给第一级中有关设备，同时把它们的运转状况信息上报给上级计算机；工厂级是柔性制造系统的主计算机，其功能是制订生产作业计划，实施运行状态的管理及各种数据的管理；公司级是公司各个工厂的中央控制和管理计算机。

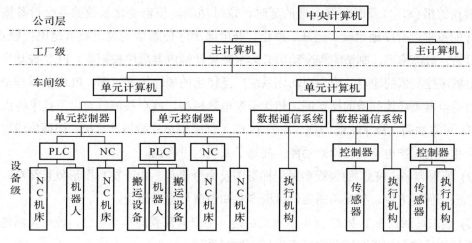

图 2-7　柔性制造系统控制架构

柔性制造系统的控制与管理系统，除了具有正常的制造控制之外，还能够检测并监视柔性制造系统的各种状态，分析获取的信息，修复故障，并使柔性制造系统恢复正常的运行。柔性制造系统中的自动监视主要包括：

(1) 制造过程的监视，包括动态作业表(多种作业方案)、循环时间监视和电源状态监测等。

(2) 系统故障监视，在柔性制造系统最可能出现故障的位置安装传感器，监测系统运行状态，如果检测到异常信号，便显示发生异常的位置并报警，排除故障原因。

(3) 设备运行监视，对制造系统的数控机床、物流设备的运行状态进行监测，如刀具监视、切削状态监视等。

(4) 精度监视，对影响加工精度的各种因素进行监测，并采取相应的措施，如工件定位补偿、刀件调整等措施。

(5) 安全监视，保证柔性制造自动化系统不对人产生损伤，维护系统安全。

柔性制造系统是一个高度自动化系统，计算机、可编程逻辑控制器(Programmable Logic controller，PLC)、数控(NC)系统是实现柔性制造自动化的三种基本控制设备，它们分别担负着数据处理、顺序控制、伺服控制的任务，并沿着各自方向不断发展，形成了鲜明个性的技术特色。随着柔性制造自动化技术的发展，传统 PLC 和通用数控系统的结构与性能也发生了深刻变化。

1. 柔性制造的 PLC 控制技术

PLC 是顺序控制器的高级发展阶段。最早出现的继电器顺序控制器依靠动合触点与动开触点的组合，以及时间继电器的延时、定时功能，使自动化系统的各个设备按照预先设计的流程，有序地启动、运转、停止。继电器顺序控制器的突出缺点是电控触点多、接线复杂、故障率高，制造流程变动后必须重新设计继电器顺序控制器。PLC 成功克服了继电器顺序控制器的缺点，成为自动化系统广泛使用的顺序控制装置。PLC 的编程语言依然沿用继电器顺序控制器的梯形图。相比于继电器控制，PLC 控制具有以下技术特点：

(1) 可靠性高，抗干扰能力强。由于 PLC 大都采用单片微型计算机，因而集成度高，再加上相应的保护电路及自诊断功能，提高了系统的可靠性。

(2) 编程容易。PLC 的编程多采用梯形图及命令语句。由于梯形图形象且简单，因此容易掌握、使用方便，甚至不需要计算机专业知识就可进行编程。

(3) 组态灵活。由于 PLC 采用积木式结构，用户只需要简单地组合，便可灵活地改变控制系统的功能和规模，因此可适用于任何控制系统。

(4) 输入/输出功能模块齐全。这是 PLC 的最大优点之一，针对不同的现场信号，均有相应的模板可与工业现场的器件相匹配，并通过总线与 CPU 主板连接。

(5) 安装方便。与计算机系统相比，PLC 的安装既不需要专用机房，也不需要严格的屏蔽措施。使用时只需把检测器件与执行机构和 PLC 的 I/O 接口端子正确连接，便可正常工作。

PLC 能够实现对开关量逻辑的控制、过程控制以及闭环控制，同时通过计算机分析系统对数据进行处理，可以组成具有通信功能的柔性制造数据网络。

2. 柔性制造的 NC 控制技术

数控(Numerical Control, NC)即采用数字控制的方法对某一加工过程实现自动控制的技术，它所控制的通常是位置、角度、速度等机械量和开关量。在柔性制造系统中，NC 控制就是把被加工的机械零件的要求，如形状、尺寸等信息转换成数值数据指令信号传送到电子控制装置，由该装置控制驱动数控机床刀具的运动而加工出零件。而在传统的手动机械加工中，这些过程都需要经过人工操纵机械而实现，很难满足复杂零件对加工的要求，特别对于多品种、小批量的零件，加工效率低、精度差。

数控设备是组成柔性自动化生产系统的基本单元。数控设备不仅为多品种、中小批量常规零件或复杂零件提供了高效的自动加工手段，而且为整个制造系统的协调、优化和控制提供基本的手段。对拥有多台数控机床的柔性制造系统常采用 DNC(Direct Numerical Control，直接数字控制)实现实时控制。DNC 系统是由一台计算机和多台数控系统组成。计算机管理各个机械设备的控制指令和数据，而各台数控系统掌握各自机械设备的运行。DNC 系统能够构造一个独立的柔性制造自动化系统，其运行所需要的生产管理数据由控制管理系统产生，然后传输给 DNC 计算机。为了提高 DNC 系统的运行效率和效果，可以用局域网把它与生产管理系统、自动编程系统等连接起来，并与其他 DNC 系统一起构成多层次的复杂加工控制系统。

2.2.4　柔性制造的工业机器人

工业机器人自动化生产线已成为自动化装备的主流及未来的发展方向，也是柔性制造系统的未来发展方向。工业机器人在柔性制造系统中的主要职能是加工制造、搬运物料等，它由执行机构、驱动装置、控制系统、检测系统等四个子系统组成。

1) 执行机构

执行机构具有和人手相似的动作功能，可在空间抓放物体或执行其他操作的机械装置，工业机器人的执行机构通常包括手部、腕部、手臂、机座等。

2) 驱动装置

驱动装置是按照控制系统发来的控制指令进行信号放大、驱动执行机构运动的传动装置。工业机器人的驱动装置应该具有工作平稳可靠、体积小、自重轻等特点。常用的驱动装置有电动、液压、气动等形式。

3) 控制系统

控制系统是工业机器人的大脑，支配机器人按规定的程序运动，并执行指令信息(如动作顺序、运动轨迹、运动速度等)，对执行机构发出执行指令。

4) 检测系统

通过位移、速度、力、视觉等传感器组成的检测系统，检测执行机构的工作状态并反馈给控制系统，控制机器人准确地完成预先设计的动作。

在柔性制造系统中，工业机器人的功能主要从物料输送、构筑制造系统、加工制造三个方面来实现。

1) 物料输送

工业机器人能够独立从事物料输送，也能与其他设备协同完成这种作业。比较典型的是码垛机器人、工业机器人参与的复杂物流输送系统等。

自动堆垛(又称码垛)机器人，由工业机器人、托盘输送及定位设备等单元组成。此外，它还可以配备自动称重、贴标签和检测、通信等单元。

工业机器人参与的复杂物流输送系统由工业机器人与其他物料设备组成一个物料输送系统，向制造设备输送物料，例如工业机器人与自动导引小车构成的物料系统，立体仓库构成的物料输送系统等。

2) 构筑柔性制造系统

从制造系统的构造上看，工业机器人是制造装备的不可分割的部件。它既是物料输送设备，又是制造系统各设备的连接元件。例如工业机器人与数控机床组成一台设备，构筑柔性制造单元。工业机器人把若干台数控机床连接起来，构筑一条柔性加工线。

3) 加工制造

工业机器人具有功能强大的控制系统，驱动控制各关节夹持工具进行加工制造以及装配，这是工业机器人的一大作业领域。此外，工业机器人还在焊接、切割、涂覆、喷漆等加工制造领域发挥作用。对于柔性装配系统来说，除了专用的装配机以外，出现了越来越多的以工业机器人为核心的系统组成方案。图 2-8 所示的以工业机器人为主体设备的柔性装配单元控制方案，便采用分级控制策略，从上向下分别为微型计算机、PLC 和工业机器人控制器。其中，机器人控制器是控制机器人运行的底层控制装置，可在微型计算机和 PLC 的协调下与装配单元的送料装置、供料装置、夹具等部件一起有序动作，共同完成装配作业任务。

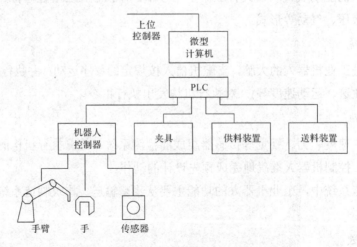

图 2-8　基于工业机器人的柔性装配系统

为了让一台机器人完成多个不同形状的零件装配，必须对机器人的手部进行优化与控制，通常使用柔性度很高的机器人手部，或根据不同的装配零件更换机器人的手部末端装置。

2.3　工业 4.0 下的柔性制造特点

前面小节介绍了典型的柔性制造系统的特点、组成以及优势，但这仅仅是一种高度自动化的制造系统，随着工业 4.0 时代的到来，制造业开始向智能化的方向转变，需要将物联网、人工智能、大数据技术及 3D 打印等新兴技术应用在柔性制造业中，促进柔性制造系统的发展。具体来说，工业 4.0 下的柔性制造具有以下特点：

(1) 工业机器人在柔性制造系统中的应用越来越广泛。工业设备的智能化是制造业向智能化转变的基础，工业机器人技术越来越成熟，越来越智能，也越来越具备柔性特征。在工业物联网技术的支撑下，工业机器人在上料、下料、装卸、装配以及焊接等工作中，发挥着越来越重要的作用，可以与控制系统和产品进行互联互通，依据产品工艺需求，进行个性化作业。人工智能技术赋予工业机器人学习能力，经过一定的训练，工业机器人可以胜任非常复杂的任务，甚至可代替人工完成复杂加工任务，而且能够确保效率和质量。互联互通工业机器人的广泛使用，能够确保工业 4.0 业务模式需要的高柔性、高效率和零缺陷。

(2) 感知技术的发展不断促进柔性制造技术的发展。随着工业物联网技术的发展，在柔性制造系统的加工系统和物料传输系统中，将大量使用各种传感器等感知装置，组成传感网络，实现对生产状态和工作环境的采集、识别与感知控制。通过工业物联网对感知装置获得的工业数据进行传输，并通过云计算等手段对数据进行计算、分析和处理，能够大幅度提升制造效率，改善产品质量，降低产品成本和资源消耗，也不断促进制造业的柔性化和智能化发展。

(3) 工业大数据在柔性制造系统中的应用越来越充分。在工业 4.0 时代，存储和提取来自机器设备、传感器等感知设备及制造系统运行过程中产生的工业数据，并运用数据挖掘技术挖掘机器产生的历史数据，整合成工业大数据，利用云计算等分析技术对大数据进行智能分析。柔性制造系统根据数据分析得到的结果，建立一个具有自我意识和自我维护的机器系统，可自主完成自身运行和健康状况的自我评估，保证工作性能的稳定。企业通过大数据技术的运用，对产品评价、用户需求等数据进行采集和分析，可以更加快速找准产品定位，同时可以开放生产环节，通过云端个性化定制等技术，让消费者介入进来，将消费者和生产过程一体化。

(4) 人工智能在柔性制造系统中的渗透越来越深入。智能制造技术是工业 4.0 的主推方向，智能制造技术的目的是将人工智能技术融入到制造的各个环节，代替或延伸制造环境中人的部分脑力活动。随着机器视觉、机器学习、自动规划等人工智能技术的发展，人工智能技术在柔性制造系统中的地位越来越重要，应用也越来越广泛，进一步提高了柔性制造系统的智能化程度。

(5) 3D 打印技术等新兴技术的加入，拓展了柔性制造系统的范畴。在零件加工方面，3D 打印技术弥补了传统的切削式加工不擅长加工复杂零件的弊端，利用零件的三维数据参数和 3D 层扫描技术，采用逐层制造将材料累加，可提高零件的成型速度，提高材料的利用率，能打印出任意形状的零件。同时，伴随着网络技术的发展，用户可通过网络云平台自主打印定制零件，用户登录企业云平台上传零件的三维数据参数、零件数量及取货日期等必要信息，经过系统审核后，智能化生产线将按照生产周期的订单和生产状况，智能决策该订单的生产任务，实现零件的柔性制造生产。

(6) 绿色制造是柔性制造系统的最终目标。绿色制造涉及产品生命周期全过程，它的实施需要一个集成化的制造系统来进行，该系统包括管理信息系统、绿色设计系统、制造过程系统、质量保证系统、物能资源系统、环境影响评估系统等六个功能分系统，计算机通信网络系统和数据库/知识库系统等两个支持分系统以及与外部的联系。

除了上述特点以外，工业 4.0 下的柔性制造系统也将进一步朝着多功能方向发展，由单纯加工型的柔性制造系统发展成为焊接、装配、检验以及板材加工，乃至铸造、锻造等制造工序兼具的多种功能集成的柔性制造系统。

第 3 章　基于工业 4.0 的轴承柔性装配线

轴承是重要的机械基础件。常规轴承装配都是单品种大批量的"刚性"装配，在基于工业 4.0 的轴承柔性装配线中，多种型号轴承进行柔性混装，本章对柔性装配线进行总体说明。

3.1　轴承装配概述

3.1.1　轴承装配

轴承作为一种机械基础件，在机床、机械装备、高铁等各种领域中均有应用。根据轴承承受的主要载荷的方向不同，可将轴承大体分为向心轴承和推力轴承。向心轴承包括深沟球轴承、调心球轴承、圆柱滚子轴承、调心滚子轴承、圆锥滚子轴承、角接触球轴承等几大结构。推力轴承包括推力球轴承、推力圆柱滚子轴承等类型。图 3-1 所示为滚动轴承常见的结构形式。

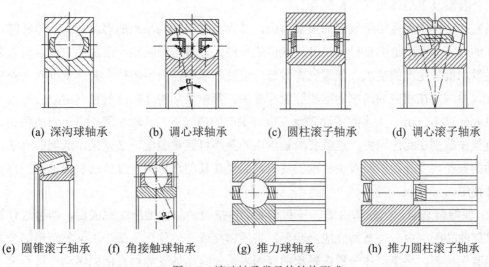

(a) 深沟球轴承　　　(b) 调心球轴承　　　(c) 圆柱滚子轴承　　　(d) 调心滚子轴承

(e) 圆锥滚子轴承　　　(f) 角接触球轴承　　　(g) 推力球轴承　　　(h) 推力圆柱滚子轴承

图 3-1　滚动轴承常见的结构形式

轴承装配是将加工合格的轴承零件，轴承内圈、外圈、滚动体等装配起来，构成一个完整的轴承产品。它是轴承制造中的最后一道关键工序，装配效果直接影响轴承在设备中运转的性能，也严重影响设备使用的性能。轴承作为一种精密的机械零部件，具有相当高的尺寸精度、表面粗糙度和旋转精度，其机械加工需要经过较长的时间、多道加工工序才能达到要求，所以轴承的装配必须保证轴承零件的加工精度不被破坏。其全部装配过程需在一定的工艺规程下进行，并且轴承装配过程中需要专门的技术和配套的计算，使装配完成的轴承能够满足设备的标准和各项性能需求。轴承的种类多种多样，不同种类的轴承，其装配技术要求和方法各不相同。本书将以深沟球轴承为例详细介绍轴承的装配及柔性装配线。

3.1.2　轴承装配的一般方法

以深沟球轴承为例来说明轴承装配的一般方法。深沟球轴承主要由内圈、外圈、封盖、滚动体钢球、保持架等组成。该轴承装配的一般方法可简述为以下三个流程：

(1) 根据配合关系，选配内圈、外圈和滚动体，其目的在于保证轴承应具有一定的游隙值，且公称宽度符合一定的公差要求等。所谓选配，即滚动轴承选择配套的过程，就是按照规定的游隙或公称宽度要求，将要装配的内、外套圈的滚道直径尺寸控制在其公差范围以内，再按照一定的尺寸差分进行分组操作，利用滚动体的直径尺寸分组公差，将相应的内、外套圈及滚动体相互选择配合。

轴承游隙和公称宽度是轴承装配的重要指标，其大小直接影响轴承的寿命、振动等性能，所选配的内、外圈滚道的直径偏差及滚动体的直径偏差等是影响轴承游隙的主要因素。为了满足轴承批量生产的要求，我国已将大部分滚动轴承的径向游隙值及公称宽度的公差值标准化，并规定在相应的国家标准和行业标准中。其中，深沟球轴承的径向游隙公差范围为 0.01 mm～0.02 mm，大多数滚动轴承在批量生产的情况下，其轴承零件工作表面精加工的精度误差范围在此区间内，这就要求轴承内外圈不可随意装配，必须采用选配的方法。滚动体的直径尺寸分组按照有关标准的规定，已经在其制造车间经过分选机分选好，直接采购并使用。

(2) 保持架装配。当轴承内圈、外圈及滚动体按照游隙标准选配完成后，即可进行轴承保持架的装配。内、外套圈完成合套后，采用铆接或其他使保持架产生某种塑形形变的方法组装保持架，将滚动体分置在轴承的套圈内，使滚动体既能够灵活的转动，又不至于过分集中或散落，从而使轴承成为一个部件。对于保持架的装配方法根据种类也不尽相同，一般需要采用相应的工具或模具，并借助压力机、电铆机、气压机等设备，进行铆接、压印、锁口等操作。

(3) 清洗和烘干，并完成注脂和加装密封装置的工作。因轴承的内、外圈或滚动体等部件在装配前本身可能存在一些污渍，或者经过装配后使轴承零部件上沾染了一些污渍，所以在轴承完成保持架安装后，进行注脂压盖工序前，需要对轴承的半成品进行清洗。清洗及烘干完成后，需要进行注脂，保证滚动体在内外圈轨道中长时间运转。此外，为防止外部灰尘等进入轴承，在注脂完成后加装密封装置。

轴承是一种精密的机械零部件，在其整个装配过程中和装配后，要对轴承装配工序的质量和轴承成品的质量进行严格的检验。

3.1.3　轴承装配的基本要求和质量指标

轴承装配的质量指标主要有：通用要求、精度公差、游隙值、振动与噪声、注脂量、合套率等。轴承装配的基本要求是在保证装配质量指标的前提下，使合套率最高。

1. 通用要求

轴承装配后，作为机械基础件，其通用要求包括残磁、表面质量、清洁度、旋转灵活性等。轴承的残磁对轴承的使用寿命影响很大，带有残磁的轴承表面会吸附金属切屑，且不易清洗，造成轴承的磨损加剧，降低轴承寿命，所以要在装配前进行零件退磁，其残磁强度应低于轴承成品检验所规定的标准。轴承零件表面不允许有裂纹、锐边、毛刺和锈蚀等现象，内外圈、钢球工作面超精纹路应均匀，不允许有擦伤、碰伤，要保证轴承的美观和粗糙度。旋转灵活性是指经过合套装配后的成品轴承，转动起来应没有卡死、卡滞、骤停等不良现象。

2. 精度公差

精度公差包括外形尺寸公差、形位公差和旋转精度公差。轴承的尺寸精度指轴承内径、外径和宽度等尺寸公差。形位公差是指轴承的圆度、平行度、直线度等技术参数。轴承的旋转精度指轴承内、外圈的径向跳动，端面对滚道的跳动，端面对内孔的跳动等。国家标准中规定了尺寸公差、形位公差和旋转精度与测量方法，同时还规定了与滚动轴承相配合的轴和外壳孔的公差带、配合及形位公差等。按照规定，轴承精度从低到高分为：0、6、5、4 和 2 等级。不同工况下选用不同精度等级的轴承，而相应精度等级的轴承应满足国家标准或行业标准规定的相应精度技术参数的要求。

3. 游隙值

轴承游隙是轴承滚动体与轴承内外圈壳体之间的间隙。游隙值是轴承在未安装于轴或轴承箱时，将其内圈或外圈的一方固定，然后使轴承游隙未被固定的一方做径向或轴向移动时的移动量。根据移动方向，可分为径向游隙和轴向游隙。径向游隙是轴承内圈、外圈和滚动体选配的依据，是轴承装配中的重要检查项目，也是轴承的关键指标之一。轴承游隙的大小直接影响轴承的寿命、振动、噪声和运转精度等性能。根据轴承的设计和使用，可以将游隙分为：设计游隙、原始游隙、安装游隙(或配合游隙)和工作游隙。

设计游隙指的是轴承设计时的游隙参数指标。轴承出厂前设定的游隙是原始游隙，即轴承装配后达到的游隙。轴承与轴或轴承座等安装后游隙又有变化，称为安装游隙。随着轴承的工作，内、外圈会有温差的变化，会使安装游隙减少，同时，滚动体和套圈在负荷的作用下产生弹性变形，又会使游隙增大。一般情况下，工作游隙略大于安装游隙，为了得到最满意的工作性能，应选择适宜的工作游隙。当轴承具有一定的预紧负荷时，轴承的工作游隙为微负值，可提高轴承的刚性，同时使轴承的疲劳寿命增加。但是当预加载荷超过最佳范围的上限时，负游隙会继续地增大，承受载荷的滚动体数量较少，滚动体承受的载荷较大，疲劳寿命会急剧下降。因此，当需提高轴承的刚性或需降低噪声时，工作游隙取负值，而轴承升温剧烈时，工作游隙要取正值，必须根据具体的使用条件进行具体分析。图 3-2 所示为轴承寿命与游隙的关系。

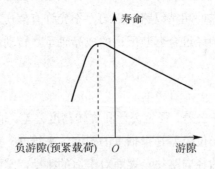

图 3-2 轴承寿命与游隙的关系

轴承游隙的选择需要考虑轴承的工作条件(如载荷、转速、温度等)、使用性能要求(如振动和噪声、摩擦力矩、旋转精度等)以及轴承安装后游隙的收缩量、工作温差对游隙的影响等因素。轴承的原始游隙是出厂前就设定好的，国家标准中规定各类轴承的径向游隙值从小到大有：C2<CN(C0)<C3<C4<C5，其中 CN(C0)是标准游隙，大于标准游隙的称为大游隙，小于标准游隙的称为小游隙。不同精度的轴承可以有不同的游隙。

轴承游隙的测量必须准确、可靠。为了得到稳定的测量值，除了保证各零件清洁、恒温，并能准确地进行尺寸分选外，还要对轴承施加规定的测量负荷。

4．振动与噪声

滚动轴承的振动和噪声直接影响自身的运转精度和使用寿命，是设计和制造的重要技术指标之一。滚动轴承的振动和噪声主要来源于轴承的制造方面，可分为以下几点：

(1) 加工表面质量引起的振动。机械加工造成轴承零件表面的不圆度、波纹度、粗糙度等情况会激励轴承产生振动，增大噪声。其中圆形偏差产生的原因可能是套圈车削或磨削加工中装夹夹具的外形或夹具的定位造成；波纹度产生的原因主要是机床、磨具、工件系统的低频共振和主轴的高频振动，或者是磨削时砂轮的结合强度大小不一致，造成磨粒的脱落快慢程度不一致，引起磨削振动；粗糙度的形成主要与磨具的磨粒、磨具退出快慢、磨削速度以及冷却液的性质有关。降低轴承的振动和噪音，必须提高轴承组件加工表面的质量。

(2) 滚动体引起的振动。滚动体引起的振动包括滚动体的直径、数量、表面质量等。在轴承零件精度相同的情况下，球数多的轴承比球数少的轴承噪音下降幅度大；同一组轴承中，钢球的直径差要尽量小。

(3) 保持架引起的振动。若保持架与滚动体之间的游隙过大，保持架所用的润滑剂的性能不好，保持架的重量以及保持架材料的减振型不好，常常会引起保持架的异常振动。

(4) 表面缺陷引起的振动。在滚动轴承的内外滚道表面上，即使存在一些很小的缺陷，如：裂纹、压痕或锈斑等，也会在轴承运转时引起振动，并伴有类似于铆接作业时发出的带有周期性的噪音。如果转速一定，这种振动的周期也一定，且随转速的降低，周期相应延长。对球轴承，如仅是钢球表面存在缺陷，则会出现周期性振动噪声。

(5) 内沟、外沟曲率半径引起的振动。对于深沟球轴承，沟曲率半径大小决定了球与沟道的密合程度，也对振动和噪音有影响。通常轴承内外沟曲率半径取值相同，为使内外沟道接触应力趋于接近，应使外沟曲率半径大于内沟曲率半径，该方法可以降低轴承噪声。

滚动轴承振动可以分别利用振动的加速度值和速度值来评价。测量轴承振动加速度值和速度值时，要求轴承的内圈以一定的转动速度转动，外圈不旋转，并施加一定的径向或轴向载荷进行检测。

5. 注脂量

轴承的注脂是轴承装配的一道重要工序，需要先对轴承加注润滑脂，再进行油封等密封装置的密封。轴承的注脂量不能过多，也不能过少。注脂量过多可能会把油封挤坏，导致密封失效，注脂量少了也不能保证轴承的润滑。

6. 合套率

轴承装配是将已经尺寸分组的内、外圈和滚动体，按照轴承要求的游隙或宽度公差等参数，将选配的不同组别的内圈、外圈及滚动体组装成"一套"轴承。游隙合套是其中的基础工序，也是最重要的一个工序。要对影响游隙合套质量和效率的因素进行分析，才能找到提高合套率的方法。影响轴承合套的主要因素有以下几点：

(1) 测量仪器。测量仪器的正确选用对尺寸分选来说至关重要，特别是内圈测量仪器，在测量时测点和支点要在同一平面内，否则将造成较大误差。

(2) 尺寸分选误差。尺寸分选的准确性直接关系到合套的效率高低，在分选过程中仪器及仪表的性能、测量时的温差变化、滚道尺寸标准件的本身误差值及磨损程度等因素都会影响分选尺寸的准确度。

(3) 残磁。若轴承零件未进行退磁处理或退磁不彻底，将会导致游隙测量值不稳定，同时内、外圈分选时套圈会刮表点。

(4) 套圈清洁度。轴承套圈本身的清洁程度状况是否达到工艺文件要求，对游隙分选测量值的准确性影响非常大，套圈表面的脏物会把表点垫起，造成测量值不准确。

(5) 计算游隙值与测量值不符。如轴承套圈滚道沟曲率偏差超差，套圈滚道直径尺寸的变动量超差。

3.1.4　轴承装配的现状

轴承作为机械基础件，制造量和使用量都非常大，但目前的轴承装配中也存在诸多弊端，影响了轴承的出厂精度和使用寿命。轴承装配的现状如下：

(1) 各批次轴承质量难以统一保证。轴承装配过程仍然有部分工序使用手工操作，自动化程度低，过程繁琐，且存在较大的随机性，消耗装配成本的同时也无法保证大批量轴承质量。由于人工操作等存在局限性，装配过程受到影响，轴承产品的一致性较难得到保证。

(2) 轴承质量难以满足不断提高的市场需求。很多应用对轴承精度、环境适应性、寿命等有越来越高的要求，而轴承零件材料、加工质量、装配精度等无法保证，造成不能满足高端使用等要求。

(3) 装配效率低、成本高。高效的自动化设备与计算机控制的结合可以降低装配成本，节省装配时间，尤其对于大规模的轴承装配。但是目前的轴承装配，一般只能进行单品种、大批量的装配作业，还没有轴承的柔性装配线进行多品种、小批量的轴承装配。

(4) 各工序缺少检测。目前轴承装配为大批量生产，装配作业过程中的检测环节较少，前道工序不合格将对后方工序造成影响。例如，轴承装保持架工序未设置检测环节，若出现保持架放置不到位，保持架本身及后方工序将受影响，甚至损伤轴承与设备。

(5) 各工序之间无法进行信息实时传递。装配过程中各个工序之间无法进行信息传递，工序生产单一，生产节拍调整困难，不能满足多型号轴承的混合装配作业。例如在柔性装配线中，将内外圈沟道偏差检测工序的检测数据，传送给后方的合套工序，使得合套量高。

本书将介绍一条基于工业 4.0 的轴承柔性装配生产线，该系统可在一条生产线上完成深沟球轴承 6202、6203 两种型号球轴承的全自动混合装配，并能够按照用户订单自行生产，实现多型号、小批量的工业 4.0 柔性生产模式。

3.2　轴承装配工艺

不合理的轴承配套方法及工艺已成为轴承失效的主要原因之一。配套是滚动轴承装配过程中的一个主要工序。所谓配套，就是将轴承的内圈、外圈和滚动体尺寸进行分选，然后将各组别的内圈、外圈及滚动体按轴承产品要求配合起来成为一套轴承。而在轴承配套过程中，如果内外圈沟道尺寸不加以限制，会使它们在与已有的钢球相配合时，不能满足轴承对游隙的要求，从而大大降低配套率。深沟球轴承是产量最大、应用最广泛的一类轴承。下面以深沟球轴承为例，介绍轴承的一般装配工艺。

3.2.1　深沟球轴承的装配过程

1. 深沟球轴承的主要尺寸

如图 3-3 所示，深沟球轴承的主要尺寸有：内径 d，外径 D，宽度 B，钢球直径 D_w，钢球数量 Z，钢球运转中心径 D_{wp}，装填角 φ。

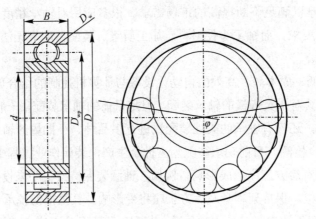

图 3-3　深沟球轴承尺寸

2. 深沟球轴承装配的一般过程

深沟球轴承的装配流程如图 3-4 所示，按照装配工艺顺序，主要包括轴承内外圈、钢珠等的零件退磁，内外圈直径偏差分选，合套装球，装保持架，清洗，游隙检测成品检验，注脂压盖，防锈包装，成品检验等工艺过程。

零件退磁 ⟶ 内外圈直径偏差分选 ⟶ 合套装球 ⟶ 装保持架

清洗

防锈包装 ⟵ 注脂压盖 ⟵ 成品检验 ⟵ 游隙检测

图 3-4　装配工艺过程

3.2.2　轴承尺寸偏差分选

轴承各零件本身存在精度差别，尺寸存在不同偏差，其偏差组成一个正态分布，如图 3-5 所示。

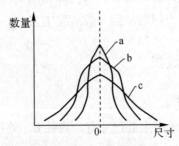

图 3-5　零件尺寸偏差分布

由图 3-5 可知，a 曲线代表良好的零件尺寸加工状态，b 曲线较差，c 曲线的零件尺寸偏差最分散，也最容易导致装配结果困难且效率低下。对于轴承而言，轴承内外圈沟道尺寸和钢球尺寸的加工精度一般在 0.03 mm～0.05 mm 之间，如果容差再小，则会增加加工费用和废品率。而型号为 6202、6203 等中小型深沟球轴承的 0 组径向游隙公差范围一般在 0.01 mm～0.04 mm 之间，内外圈随机合套的配合方法无法达到装配的精度要求，也会导致合套率低下。

在轴承的内外圈配套中，目前普遍采用偏差分选的方法，即轴承套圈在配套之前要对内外圈的偏差进行分组，然后按配套要求进行内外圈的选择，这样才能达到轴承配合游隙的要求。装配深沟球轴承时需对内外圈沟道进行选配分组，一般小型球轴承按 0.002 mm 分组，中型轴承的分组间隔是 0.004 mm，更大轴承的分组间隔也更大，从 0.005 mm 到 0.05 mm 不等。

3.2.3　游隙计算

轴承由内圈、外圈、滚动体和保持架组成，滚动体与外圈滚道之间的间隙称为游隙。游隙分为径向游隙和轴向游隙。径向游隙是将一个圈固定，得到另一个圈的径向最大活动量的算术平均值；轴向游隙是沿着轴向最大活动量的算术平均值。这两种游隙密切相关，一般来说径向游隙大，轴向游隙也大。

轴承装配游隙给内圈、外圈、滚动体受热膨胀预留空间，并保存润滑油脂。轴承装配游隙过大或过小都会产生严重的不良后果。轴向游隙过大会造成工作部件窜轴，工作噪音加大。径向游隙过大时，轴承工作就会产生侧向力，致使所有滚子不能同时受力，这会加剧轴承的磨损，导致轴承寿命减短。游隙过小，会使轴承工作过程中温度升高，热膨胀使其呈现无游隙状态或过盈状态，导致轴承过热或烧毁。

对于深沟球轴承，主要控制径向游隙。深沟球轴承的径向游隙 G_r 与轴承零件尺寸之间有如下关系：

$$G_r = D_e - d_i - 2D_w \tag{3-1}$$

式中，D_e 为外圈沟道直径；d_i 为内圈沟道直径；D_w 为钢球直径。

随着技术的发展，一些企业采用优化设计方法，在设计中把轴承游隙平均值的一半分别放在外圈沟道和内圈沟道的公称尺寸之中，即

$$D_e = D_{wp} + D_w + 0.5G_r \tag{3-2}$$

$$d_i = D_{wp} - D_w - 0.5G_r \tag{3-3}$$

对式(3-1)而言，如果外圈沟道直径加上 $0.5G_r$，内圈沟道直径减去 $0.5G_r$，式(3-1)就变为

$$G_r = (D_e + 0.5G_r) - (d_i - 0.5G_r) - 2D_w \tag{3-4}$$

式中的 G_r 值由国标规定。如果考虑轴承游隙为零，即 $D_e - d_i - 2D_w = 0$，由于轴承内部的尺寸链是封闭的，可用套圈与钢球的脱离偏差来进行径向游隙偏差 ΔG_r 的配套计算，即

$$\Delta G_r = \Delta D_e - \Delta d_i - 2\Delta D_w \tag{3-5}$$

式中，ΔD_e 为外圈沟道直径的实际偏差；Δd_i 为内圈沟道直径的实际偏差；ΔD_w 为钢球直径的实际偏差。

在实际计算中，常采用"松"、"紧"来估计零件偏差对径向游隙的影响。例如 $\Delta D_e > 0$，$\Delta d_i < 0$，$\Delta D_w < 0$，$G_r > 0$ 的情况，都称为"松"；反之，则称为"紧"。

由径向游隙公式推出极限游隙上偏差 G_{rs} 和下偏差 G_{rx}：

$$G_{rs} = \Delta D_{es} - \Delta d_{is} - 2\Delta D_{ws}, \quad G_{rx} = \Delta D_{es} - \Delta d_{ix} - 2\Delta D_{wx} \tag{3-6}$$

式中，ΔD_{es}、ΔD_{ex} 为外圈沟道直径与公称尺寸的实际上、下偏差；Δd_{is}、Δd_{ix} 为内圈沟道直径与公称尺寸的实际上、下偏差；ΔD_{ws}、ΔD_{wx} 为钢球直径与公称尺寸的实际上、下偏差。

3.2.4　深沟球轴承合套

轴承装配的基本要求是在保证装配质量的前提下，使合套率最高。合套方法选择的首要原则是保证轴承的主要质量指标，即径向游隙。常见的合套方法是连续性分组方法。

1. 分组公差

对于游隙，实际尺寸配套公式为

$$G_r = D_e - d_i - 2D_w \tag{3-7}$$

实际尺寸的偏差公式为

$$\Delta G_r = \Delta D_e - \Delta d_i - 2\Delta D_w \tag{3-8}$$

极限偏差公式为

$$G_{rs} = \Delta D_{es} - \Delta d_{is} - 2\Delta D_{ws}, \quad G_{rx} = \Delta D_{es} - \Delta d_{ix} - 2\Delta D_{wx} \tag{3-9}$$

分组公差公式为

$$\delta G_r = \delta D_e + \delta d_i + 2\delta D_w \tag{3-10}$$

式中，δG_r 为径向游隙 ΔG_r 的分组公差；δD_e 为外圈沟道直径偏差 ΔD_e 的分组公差；δd_i 为内

圈沟道直径偏差 Δd_i 的分组公差；δD_w 为钢球直径偏差 ΔD_w 的分组公差。

分组公差只可以满足游隙公差，无法保证各组连续性。因此各组之间会产生间断点，使一些内圈、外圈、钢球零件不能合套。

2. 连续性分组方法

在批量生产的条件下进行配套，要保证零件的 ΔD_e、Δd_i、ΔD_w 的分组满足连续性，具体如图 3-6 所示。

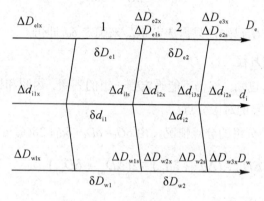

图 3-6　合套配套图

设 δD_{e1}、δd_{i1}、δD_{w1} 为第一组的组公差，δD_{e2}、δd_{i2}、δD_{w2} 为第二组的组公差，…。各组的连续分值点需具备如下特点：

$$\Delta D_{e2x} = \Delta D_{e1s}, \quad \Delta D_{e3x} = \Delta D_{e2s}, \quad \cdots$$

$$\Delta d_{i2x} = \Delta d_{i1s}, \quad \Delta d_{i3x} = \Delta d_{i2s}, \quad \cdots$$

$$\Delta D_{w2x} = \Delta D_{w1s}, \quad \Delta D_{w3x} = \Delta D_{w2s}, \quad \cdots$$

由图 3-6 可知，$\delta D_{w2} = \Delta D_{w2s} - \Delta D_{w2x} = \Delta D_{w2s} - \Delta D_{w1s}$，将 $G_{rx} = \Delta D_{ex} - \Delta d_{ix} - 2\Delta D_{wx}$ 代入，得

$$\delta D_{w2} = \frac{1}{2}[(\Delta D_{e1s} - \Delta D_{e1x}) - (\Delta d_{i2s} - \Delta d_{i2x})] = \frac{1}{2}(\delta D_{e1} - \delta d_{i2}) \tag{3-11}$$

由连续性的组公差相等可知，$\delta D_{w2} = \dfrac{1}{2}(\delta D_e - \delta d_i)$，即

$$\delta D_e - \delta d_i - 2\delta D_w = 0 \tag{3-12}$$

式(3-12)就是连续分组条件。

3. 连续分组公差计算

由 $\delta G_r = \delta D_e + \delta d_i + 2\delta G_w$ 和 $\delta D_e - \delta d_i - 2\delta D_w = 0$ 可得，连续分组条件下公差的计算公式为

$$\delta D_e = \frac{1}{2}\delta G_r \tag{3-13}$$

$$\delta d_i = \frac{1}{2}\delta G_r - 2\delta D_w \tag{3-14}$$

对于给定的轴承，δG_r 已知，只需选定 δG_w 来确定 δd_i 即可。

4. 连续分组的分点方程

在具体装配中，δG_r 已知，但仍不能确定哪一组的外圈、内圈和钢球可以进行配对，还需要确定 ΔD_e、Δd_i、ΔD_w 的对应分点。

图 3-7 所示为第 j 个分组的分点情况。由 $\delta G_r = \delta D_e + \delta d_i + 2\delta G_w$ 可得，

$$\Delta G_{rx} = \Delta D_{ej} - (\Delta d_{ij} + \delta d_{ij}) - 2(\Delta D_{wj} + \delta D_{wj}) \tag{3-15}$$

再由 $G_{rs} = \Delta D_{es} - \Delta d_{is} - 2\Delta D_{ws}$ 可得，

$$G_{rs} = (\Delta D_{ej} + \delta D_{ej}) - \Delta d_{ij} - 2\Delta D_{wj} \tag{3-16}$$

将 $\delta D_e = \frac{1}{2}\delta G_r$，$\delta d_i = \frac{1}{2}\delta G_r - 2\delta D_w$ 代入式(3-15)和式(3-16)，并整理得到

$$G_{rm} = \Delta D_{ej} - \Delta d_{ij} - 2\Delta D_{wj} \tag{3-17}$$

式中 G_{rm} 为平均游隙。式(3-17)就是连续分组的分点方程式。

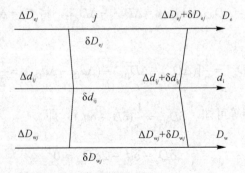

图 3-7 第 j 个续分组的分点情况

3.3　轴承柔性装配系统的总体方案

3.3.1　轴承柔性装配系统分析

为了解决轴承装配现存的问题，本书将介绍一条基于工业 4.0 的轴承柔性装配生产线，该系统可在一条生产线上完成深沟球轴承 6202、6203 两种型号轴承的全自动混合装配，能够按照用户订单进行生产，实现多型号、小批量的工业 4.0 柔性生产模式。在介绍柔性装配系统之前，对其所装配的产品进行说明，图 3-8 所示为所装配的深沟球轴承结构简图。

图 3-8　深沟球轴承结构简图

深沟球轴承由内圈、外圈、滚动体、保持架和密封圈等五部分组成，图 3-9 所示为本书介绍的 6202、6203 两种型号的轴承零部件划分图。其中保持架为尼龙保持架，滚动体为钢球，其各零部件材质和数量的详情如表 3-1 所示。

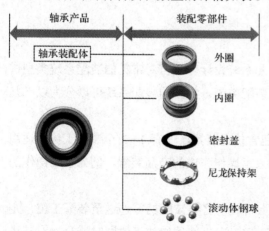

图 3-9　轴承零部件划分图

表 3-1　轴承零部件表

编号	零件	材质	数量
1	外圈	GCr15	1
2	内圈	GCr15	1
3	密封盖	橡胶	2
4	保持架	尼龙	1
5	滚动体钢球	GCr9	8

整个柔性装配系统需要能够完成 6202 与 6203 两种不同型号轴承的混合装配，因此必须对两种轴承进行对比分析，才能更好地设计整个装配系统。这两种轴承属于同系列的深沟球轴承，其结构大体相同。图 3-10 所示为这两种型号球轴承的结构示意图，两者在滚动体钢球数个数、轴承注脂量等参数上都相同。表 3-2 所示为 6202 和 6203 球轴承的基本参数对比。其中，滚动体钢球的数目相同，均为 8 个，注脂量都为轴承内部空间的 50%。

表 3-2　6202 和 6203 球轴承的基本参数对比

参数＼型号	6202	6203
轴承外径/mm	35	40
轴承内径/mm	15	17
轴承厚/mm	11	12
钢球直径/mm	5.8	7.3
外圈滚道直径/mm	30.8	35.8
内圈滚道直径/mm	19.7	21.2
外圈肩部直径/mm	29	32.7
内圈肩部直径/mm	21.7	27.5
滚动体钢球数	8	8
注脂量	50%	50%

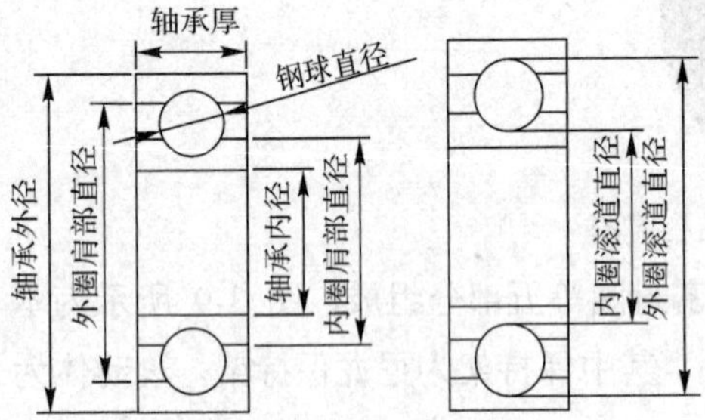

图 3-10　轴承的结构示意图

现代化的装配有多种类型。在轴承柔性装配系统设计前，可对常见的装配系统类型进行分析，然后根据轴承装配的特点选择合适的装配类型。常见的装配系统可以分为以下几种类型：

(1) 简单装配系统。简单装配系统一般不包含传送装置，仅有 1~2 个装配工位，适用于流程比较简单，自动化程度不高，多数是由人工操作完成的产品装配，例如手工操作的轴承合套装置等。

(2) 中心型装配系统。中心型装配系统由上料装置将要装配的零件送至装配工位，定位夹紧装置夹紧零件(多数装配系统将零件固定在中心)，然后周边工位同时或分次对其进行装配操作，中心型装配系统的工位多呈圆周分布。

(3) 环形装配系统。与中心装配系统将工件固定至中间工位的装配方式不同，环形装配系统通过工件移动的方式，移动至所有分布在其周围的操作工位。环形装配系统各工位操作的相似度较高，装配效率高，但是这类系统周围可布置的工位相对来说较少。

(4) 直线型装配系统。直线型装配系统将工件通过物流系统，移送至呈直线分布的各个操作工位上进行装配。直线型装配系统可避免多工位之间的干涉，完成复杂工件的装配，同时可以合理设置装配节拍，保证装配效率。

轴承产品是由多种零件组合安装而成的，装配工位和工序较多，为了保证装配中各工位之间不发生干涉冲突，同时保证整个装配的柔性，需要能够调节装配节拍，所以本书介绍的轴承柔性装配系统采用直线型装配方式。

在确定了轴承柔性装配系统的类型后，还需要对整个装配系统的工位进行划分及装配步骤进行设计。首先根据 6202 和 6203 两种型号球轴承结构参数的分析，明确两者内部零件之间的尺寸差异、结构的共同点；分析轴承装配的工位，如轴承内外圈上料、沟道偏差检测、合套、装球、装保持架、清洗、注脂压盖、激光打标等；确定各个工位的执行模块，明确各个模块的原理和操作流程。其次根据两种型号轴承各自的装配工位及原理、流程的分析，确定两者可共用的工位，并设计两型号球轴承不能共用的工位。其中，对于内外圈沟道偏差检测等精度要求较高的工位，采用两套检测模块并联的方式，对 6202 和 6203 两个型号球轴承分别进行检测，保证检测精度；对内外圈合套等精度要求较低的工位，两型号球轴承可共用一套内外圈合套模块，来实现对它们的合套。

3.3.2　系统装配流程

根据组成轴承的零部件及轴承装配的工艺要求可将装配过程分为 5 个子流程，分别为内外圈合套及装球、装保持架、定位清洗、注脂压盖、激光打标。每个子流程由相对应的柔性自动化设备来完成，分别为合套装球机、保持架装配机、定位清洗机、注脂压盖均脂机、激光打标机。5 台设备呈直线式分布，组成整条轴承柔性装配系统，图 3-11 所示为轴承装配系统的流程图。

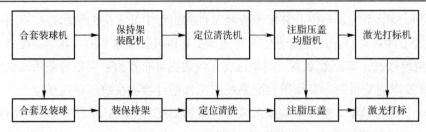

图 3-11　轴承装配系统的流程图

1. 合套装球机

合套装球机需要完成轴承内外圈的上料及合套、选球装球，同时为实现装配的柔性，合套装球机需要具有一定的储料能力，以保证内外圈配对及装配节拍的可调。整个合套装球机的操作流程及其示意如图 3-12 所示。

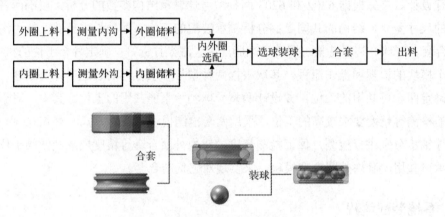

图 3-12　整个合套装球机的操作流程示意图

（1）内、外圈上料。轴承合套装球机采用 2 根外圈上料圆柱料杆和 2 根内圈上料圆柱料杆，实现两种型号轴承内外圈的上料，其中两根外圈上料杆对于 6202、6203 两种型号的轴承可通用。

（2）内、外沟测量。采用气动夹爪分别将内圈和外圈搬运至相应的测量位置，夹爪可供 6202、6203 两种型号轴承共用；由内、外圈两套十字铰链测量机构完成内外圈沟道直径的测量，测量球为陶瓷球，十字铰链测量机构的主要参数如表 3-3 所示。

（3）内、外圈储料。内外圈测量完成后，储存在相对应的储料箱内，内圈储料箱和外圈储料箱可储存的数量均为 10 个。

（4）内外圈选配。从内圈储料箱里的 10 个轴承内圈和外圈储料箱里的 10 个轴承外圈中，根据十字铰链测量机构测量的内外圈数据，由选配算法分别选出一个轴承内圈和外圈，完成内外圈的选配。

(5) 合套。选配好的套圈由夹爪移送至合套转盘上，在合套工位完成内外圈的合套，转盘旋转将合套后的内外圈送至装球工位。

(6) 装球。根据选配计算的结果，装球装置完成钢球的装入，最后由夹爪将轴承半成品移送至传送带，并进入到下一工序。

表 3-3　十字铰链测量机构参数

参数	精度要求
测量分辨率	0.1 μm
测量传感器重复精度	≥0.2 μm
测量机构综合测量精度	<1 μm
游隙分散度	<8 μm(≤99.5%)
内外圈测量范围	±100 μm
测量力	≥1.5 N

2. 保持架装配机

保持架装配机与合套装球机由一条传送带连接，主要完成轴承保持架的安装，其工序操作流程如图 3-13 所示。

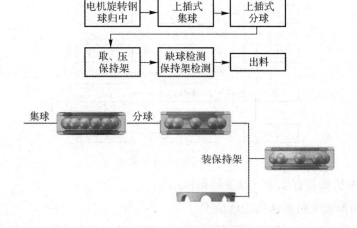

图 3-13　保持架装配工序流程示意图

(1) 合套装球后的轴承部件进入传送带上，被气缸推送至保持架装配机的钢球归中位，为满足 6202、6203 两种型号轴承的装配要求,保持架装配机对两种型号球轴承,共用一套平行导轨模块。该模块可根据装配轴承的型号,自动调节平行导轨的间距。

(2) 通过托送装置将轴承移送至集球工位,集球装置将轴承内部钢球滚动体集中至一侧,集球操作精度要求不高,两种型号轴承共用一套集球模块。

(3) 集球完成后,轴承被送至分球工位,因两种型号轴承的尺寸差异,设备有两套不同的分球装置,根据当前装配的轴承型号,选择不同的分球模块,将钢球滚动体均匀分布在轴承内部。

(4) 分球完成后,轴承被移送至保持架装配工位。该工位一次性完成送保持架和压保持架的两个动作。

(5) 保持架压装后,轴承由托送装置移动至缺球检测工位,且托送装置具有检测保持架是否压装到位的功能,防止出现未装保持架或钢球的情况发生。检测合格后将轴承移送至传送带,进入到下一工序。

3. 定位清洗机

通过前面章节对于轴承的介绍,可知轴承的表面可能存在污渍、杂质、残磁等影响轴承性能的因素,所以必须对其进行清洗。全自动定位清洗机主要完成轴承定位清洗,两种型号的轴承可完全共用一台清洗设备,轴承清洗的主要流程如图 3-14 所示。

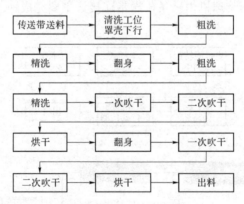

图 3-14 轴承定位清洗流程

对于轴承清洗机质量有以下三点主要指标:

(1) 至少达到表面无明显杂质的清洁度。

(2) 要按照《JB/T6641—2007 残磁评定方法》的要求,对轴承进行消磁操作。

(3) 轴承清洗机对于已合套轴承,需要配有热交换器和冷却器,保证轴承在恒温条件下进行清洗。

作为轴承装配线上必不可少的一个环节，清洗机必须满足以下技术要求：

(1) 采用污染小的碳氢轴承清洗剂，使用工位旋转清洗方式，清洗效果较好。

(2) 设备有热交换器及控制油温的冷却器(外界冷却水)，能够监测油温和液位，具有报警装置，当出现异常时系统报警。

(3) 整个装置的工作噪声低、清洗所用油泵流量大；清洗液自动循环过滤，粗精洗采用二级过滤系统，过滤精度 1 μm～3 μm，增加预留进油口。

(4) 清洗机的底面呈斜面，便于清洗剂靠自重流干。

(5) 设备不能存在漏油现象，且整体的管道、线路安装合理，便于检修；设备运行流畅，轴承输送过程中不能出现卡料、伤料的现象。

4. 注脂压盖均脂机

注脂压盖均脂机，主要完成轴承注脂、密封和均脂的操作。整个注脂设备应保证注脂环境良好，需装配橡胶密封圈和金属防尘盖。各个工位实现单独作业，能够检测注脂后轴承的回转灵活性。对于压盖操作需要针对单面盖、双面盖单独进行，同时应保证工位间轴承的输送不存在卡顿现象；对于所有检测工位设置不良品排出环节，触摸屏分类显示故障。需要注意的是，轴承注脂量不可过多也不可过少，其注脂量可调范围在 1 g～2 g。轴承注脂压盖均脂机的主要流程如图 3-15 所示。

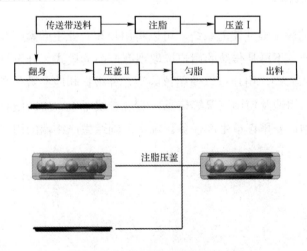

图 3-15　注脂压盖工序流程示意图

5. 激光打标机

　　轴承在进行包装入库之前的最后一道工序,是对轴承进行型号、商标、生产时间等轴承相关信息的打标,实现产品的回溯。尤其对于工业 4.0 的轴承柔性装配系统,如果轴承出现问题,可根据轴承打标信息准确定位轴承生产线,快速找出问题原因,并调整制造装备或生产方式,这也是轴承工业数据的一个重要组成部分。

　　对于激光打标,两种型号的轴承可完全共用一台自动激光打标机,其主要工作流程如图 3-16 所示。轴承激光打标机基本性能参数如表 3-4 所示。

图 3-16　激光打标机工作流程

表 3-4　轴承激光打标机基本性能参数

参数	性能
可刻印的范围	$0 \leqslant 内径 \leqslant \phi100$
打标深度	$\leqslant 0.20$ mm
最小线宽	0.015 mm
打标线速	$\leqslant 7000$ mm/s

3.3.3　轴承云制造流程

　　基于工业 4.0 的轴承柔性装配系统,可以将用户和企业生产紧密联系起来,工厂根据用户的订单进行生产,不再是传统的用户选取现有产品的模式。开发轴承云制造的终端软件(包括 APP 端和 PC 端),用户可以使用该终端,并根据相应参数信息选择轴承型号,输入定制轴承的件数、用途及使用工况等信息,实现在线下单。生产线收到用户订单后,根据当前生产任务规划,安排订单生产任务。轴承云制造生产终端的用户端,在线下单界面如图 3-17 所示。

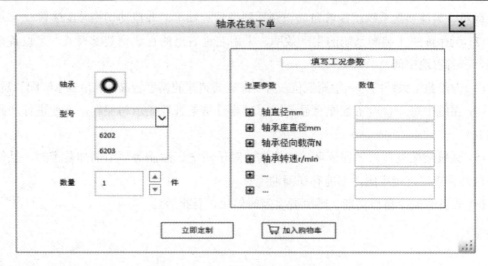

图 3-17 轴承云制造的在线下单界面

根据前面对轴承装配流程的分析，可以得出从用户下单到产品出库交付订单的整个轴承柔性装配系统的生产流程，如图 3-18 所示。

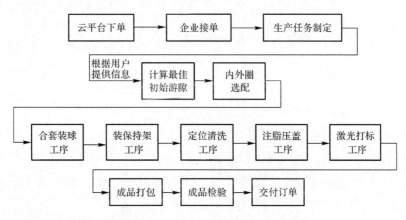

图 3-18 云制造定制生产流程图

通过上面对轴承装配五个工序所对应的五台设备(合套装球机、保持架装配机、定位清洗机、注脂压盖均脂机、激光打标机)的分析，明确了各台设备的具体工作流程及性能要求，同时分析了从用户下订单到产品出库的整个流程，可以总结出轴承柔性装配系统的总体要求：

(1) 系统高度自动化，且具有较高的装配柔性，同一设备可完成 6202 与 6203 两种型号轴承的装配，进一步可实现多种型号轴承的装配。系统的每一设备均具有暂时储料的功能，可灵活调整系统的装配节拍。整个装配过程可实现全自动化，仅需在触摸屏设置基本参数即可，柔性装配系统就能够自动识别不同型号的轴承，并自动切换装配装置。

(2) 为保证整个装配系统的生产效率，采用左进右出的直线型装配模式，且设备布局合理，节省占地空间。

(3) 对于整个系统的每一检测工位，需要保证其装置的精度较高，满足轴承装配的需求。

(4) 系统中每一台设备都配有显示屏，对测量结果进行显示与保存，方便进行产品的回溯。

(5) 系统装配过程需要保证环保、清洁，对于清洗、注脂等环节需加盖密封，且保证设备的油管接口连接牢固，不能存在漏油现象。

(6) 设备有安全自检功能，遇到异常及时停止，且报警。

第 4 章　基于工业 4.0 的轴承柔性装配线设计

本章将以轴承柔性装配线为对象，介绍轴承柔性装配中的各道工序和主要工位，是基于工业 4.0 的轴承柔性装配线装备设计的基础。

4.1　轴承柔性装配线总述

轴承柔性装配生产线是以数字化制造车间为原型进行研发制造的，本生产线可混杂生产 6202 和 6203 两种规格型号的球轴承，由上层控制管理系统驱动下层 PLC 执行订单生产任务。球轴承柔性装配生产线包含六个全自动工作站，分别为：第一站合套装球机、第二站保持架装配机、第三站清洗机、第四站游隙检测机、第五站注脂压盖均脂机、第六站激光打标机。整个装配系统组成直线型结构，如图 4-1 所示。

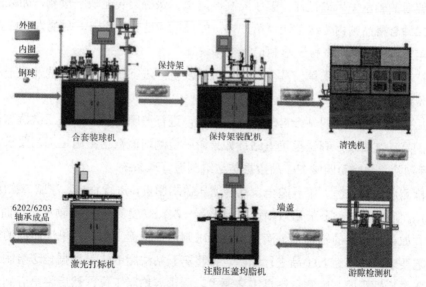

图 4-1　球轴承柔性装配线

本柔性生产线装配的 6202 和 6203 两种规格型号球轴承由内圈、外圈、钢珠、保持架和端盖等构成，组成结构如图 4-2 所示。

图 4-2　球轴承组成结构

轴承内圈、外圈、钢球在第一站全自动合套装球机上，进行内外圈尺寸测量、注球、内外圈合套。内、外圈沟道测量数据与标准件比对后，如果差值符合工艺范围要求，则由制造管理系统根据注球逻辑选择合适的钢球，并将信息传送给 PLC，执行注球命令；如果差值不符合工艺范围要求，则视为 NG 品进行剔除，并将 NG 品数据传送给制造管理系统。第一站合格品由传送带送至第二站。

合套后的轴承进入第二站全自动保持架装配机，进行集球、分球、压保持架、检测。压完保持架后的轴承先后进行保持架压装高度测量、保持架装配缺陷检测，如果满足工艺要求，第二站合格品则由传送带送至第三站；如果不满足工艺要求，则视为 NG 品进行剔除，并将第二站 NG 品数据传送给制造管理系统。

压保持架后的轴承进入第三站全自动定位清洗机，进行轴承两次清洗及吹干动作，然后由传送带送至第四站。

清洗后的轴承进入第四站全自动游隙检测机，进行游隙检测。如果三次游隙检测数据求均值后满足工艺要求，则送至第五站；如果游隙检测均值数据不满足工艺要求，则视为 NG 品进行剔除，并将第四站 NG 品数据传送给制造管理系统。

游隙检测后的轴承进入第五站全自动注脂压盖均脂机，进行称重、注脂二次(轴承正反面各一次)、注脂后称重、压盖两次(轴承正反面各一次)、高度测量两次(轴承正反面各一次)、均脂动作。如果注脂后的轴承重量满足工艺要求则送至压盖工位；如果注脂后的轴承重量不满足工艺要求，则视为 NG 品进行剔除，并将第五站注脂 NG 品数据传送给制造管理系统。如果压盖后轴承的高度测量满足工艺要求，则进入均脂工位，然后将第五站合格品送至第六站；如果压盖后轴承的高度测量不满足工艺要求，则视为 NG 品进行剔除，并将第五站高度测量 NG 品数据传送给制造管理系统。

注脂压盖后的轴承进入第六站，进行激光打标任务，根据订单型号打标 6202 或者 6203。

4.2　合套装球机

合套装球机是轴承柔性装配线的第一台设备，是轴承装配的第一道工序，也是最基本的一道工序。它能够实现 6202 和 6203 两种型号轴承的内外圈上料、内外圈尺寸检测、内外圈合套及装球等功能。对于两种型号球轴承，本站的工艺流程如图 4-3 所示。

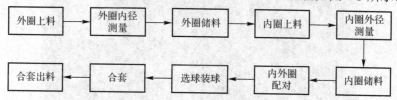

图 4-3　合套装球机工艺流程

图 4-4 所示为合套装球机的总体结构，根据工艺流程及功能模块组成，可分为合套装球机物流系统、内外圈尺寸检测、储料模块、合套模块、装球模块等。轴承合套装球机实物图如图 4-5 所示。

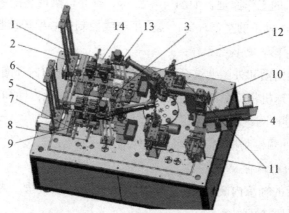

1—6202 外圈料杆；2—6203 外圈料杆；3—移送模块；4—传送带；5—6203 内圈料杆；
6—6202 内圈料杆；7—6202 内圈检测；8—6203 内圈检测；9—合套模块；10—成品转移；11—装球模块；
12—外圈移送模块；13—6203 外圈沟道检测；14—6202 外圈沟道检测

图 4-4　轴承合套装球机总体结构

图 4-5　轴承合套装球机实物图

由于 6202、6203 两种型号轴承的装配工艺及流程类似，这里以 6203 轴承为例来具体说明轴承合套装球机的工作原理，如图 4-6 所示。首先，柔性装配系统通过云制造系统接收到一批型号为 6203 轴承的生产任务，装配生产线控制中心根据接收到的订单信息，控制轴承合套装球机进行第一站装配工作：

(1) 6203 轴承的内圈和外圈通过合套装球机物流系统中的内外圈上料模块完成上料。

(2) 通过合套装球机物流系统中的物料移送模块，将轴承内圈和外圈分别移动至 6203 的内、外圈沟道偏差检测模块进行检测。

(3) 6203 内、外圈检测模块分别对内、外圈沟道偏差进行测量，并将测量结果数据传送至控制管理系统进行保存。

(4) 测量完成后的轴承内圈和外圈，暂时存储在储料模块里，内圈存放在内圈储料器内，外圈存放在外圈储料器内。

(5) 控制管理系统对内外圈沟道偏差数据进行匹配计算，根据计算结果选配合适的轴承内外圈。

(6) 将选出的轴承内外圈移送至合套模块，完成轴承合套操作。

(7) 根据轴承型号及内外圈检测数据，选择合适的钢球，通过装球模块将钢球压装进内外圈之间，完成装球。

(8) 将装球合套完成的轴承部件移送至传送带，完成出料，对于检测不合格的轴承部件予以剔除。

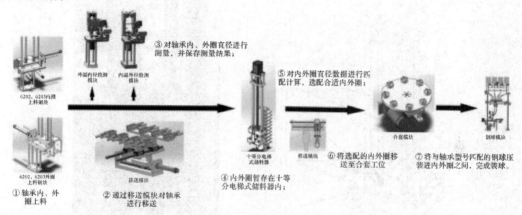

图 4-6　合套装球机工作流程

下面对合套装球机的主要模块进行具体说明。

4.2.1　合套装球机物流系统

在合套装球机里，物流系统主要由 6202、6203 内外圈上料模块、物料移送模块组成。

1. 内外圈上料模块

内外圈上料模块主要完成轴承内、外圈的上料。在装配线上，常见的上料形式有振动盘上料与料杆上料两种。对于轴承装配装备，上料必须准确控制内圈和外圈上料数量，保证内圈和外圈的数量相同，同时应具有占用空间小、可灵活调整的特点，因此选用料杆上料方式。合套装球机根据轴承内外圈的不同，将上料模块分为内圈上料模块和外圈上料模块。6202、6203 两种型号轴承由于内外圈尺寸不同，需要单独上料。下面以轴承内圈上料模块为例介绍轴承上料模块的结构，外圈上料模块与内圈上料模块仅尺寸不同，其结构及原理相同。

图 4-7 所示为轴承内圈上料模块原理及实物图，主要由料杆、缺料检测、推料入位装置等部分组成。该模块主要实现轴承内圈的存储及上料任务，由接近传感器检测内圈料杆是否缺料，然后由气缸将轴承内圈推出，由物料移送模块送至外径测量工位。

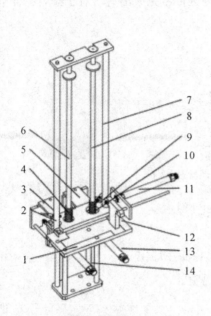

1—底板；2—6203 内圈缺料检测传感器；3—6203 推料板；4—6203 内圈；5—6202 推料板；

6—6203 内圈料杆；7—定位杆；8—6202 内圈料杆；9—6202 内圈；10—6202 内圈缺料检测传感器；

11—推料入位气缸；12—推板；13—6202 内圈上料气缸；14—6203 内圈上料气缸

图 4-7　轴承内圈上料模块原理及实物图

以 6203 轴承内圈上料为例说明上料模块的工作原理。当合套装球机接收到指令需要装配 N 个 6203 型号轴承时，6203 型号轴承内圈和外圈上料模块启用，6202 上料模块保持不动。6203 内圈上料气缸动作，带动推料板将 6203 轴承内圈经料杆下料至底板上。推料入位气缸动作，带动推板将位于底板上的 6203 轴承内圈推送至指定位置，等待物料移送模块将其移送至下一工位。若料杆上的轴承内圈使用完毕，内圈缺料检测传感器将对 PLC 发送信号，告知控制系统需添加物料，以供下次使用。

2. 物料移送模块

物料移送模块是将内外圈按照装配顺序，从下料模块依次移送至内外圈尺寸偏差检测工位、储料工位、合套工位、装球工位等。物料移送模块主要由气缸等部件来构成。在合套装球机物流系统中，物料移送模块由两部分组成，完成内外圈检测的物料移送和合套工位物料移送。

　　物料移送模块移送轴承内外圈至下一工位时，简单的机械式移送部件不能保证内外圈中心位于工位中心，容易造成装配误差，因此移送模块采用"V"型凹槽夹持部件的特制气爪。为保证 6202、6203 两种型号轴承共用一套移送模块，气爪的张弛程度应同时满足两种型号轴承的夹持，同时气爪夹持还可保证两种型号轴承内外圈中心位于同一位置，且保证下一工位的顺利进行。

　　由于 6202 和 6203 两种型号轴承外圈尺寸相差不大，通过"V"型凹槽夹持装置的设计，可以共用一套移送模块。图 4-8 所示为轴承外圈检测移送模块，图 4-9 所示为其实物图，主要由"V"型凹槽夹持气爪、检测传感器、移送机构等部分组成。传感器主要由接近传感器、气缸位置磁传感器组成，动力装置为伺服气缸和步进电机。其中，工位夹爪为气压机械爪，是利用空气压力驱动执行机构运动的装置，其特点是输出力小，气压动作迅速，结构简单，成本低，适用于高速、轻载的工作环境中。

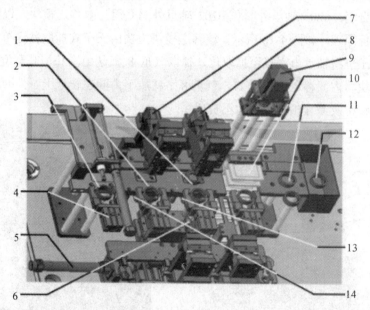

1—6203 外圈沟道检测工位；2—6202 外圈沟道检测工位；3—外圈入口；4—外圈工位气缸；

5—工位转移气缸；6—外圈工位夹爪气缸；7—6202 外圈测量气缸；8—6203 外圈测量气缸；

9—外圈料仓步进电机；10—外圈储料箱；11—外圈抓取位；12—外圈不合格品收集箱；

13—6203 外圈检测工位顶起气缸；14—6202 外圈检测工位顶起气缸

图 4-8　轴承外圈检测移送模块

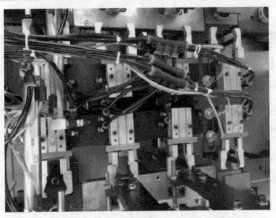

图 4-9　轴承检测移送模块实物图

　　下面介绍合套工位物料移送模块。该模块的作用是将内圈、外圈物料从检测工位移送至合套工位。合套工位移送模块共有两个,分别移送轴承内圈和外圈,内外圈在转盘上的合套位置完成合套。6203 轴承外圈和 6202 轴承外圈共用一套移送模块。以移送内圈为例来说明合套工位原理,如图 4-10 所示。该移送模块主要由天车式抓取移送单元、转盘单元等组成,上一工位将轴承内圈推至抓取位,抓取气爪 8 抓起内圈并抬升至位置 9,然后由天车式移送模块将内圈移送至位置 11,气爪 8 下移放下内圈在转盘上。外圈移送模块与内圈移送装置的结构及原理相同,在此不赘述。

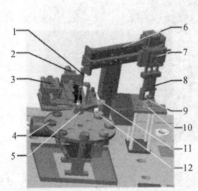

1—导球气缸;2—拉内圈气缸;3—外圈变形气缸;4—成品抓取位置;5—合套位置;

6—内圈抓取天车;7—内圈抓取天车气缸;8—内圈抓取气爪;9—内圈抓取位;

10—内圈抓取位;11—内圈转盘抓取位;12—内圈转盘放置位

图 4-10　合套工位物料移送模块

4.2.2　内外圈尺寸检测模块

在上料完成后，需要对轴承的内圈外径、外圈内径进行检测，以便选配出合适的轴承内圈和外圈进行合套，保证轴承内圈和外圈之间的游隙在合理范围。本系统采用的测量模块主要由十字铰链机构、陶瓷测量球、位移传感器等组成，实现轴承内外圈直径的检测。

轴承内外圈直径的测量精度将直接影响轴承内外圈配对的准确度。由于 6202、6203 两种型号轴承的尺寸不一致，在混装过程中，内圈和外圈检测模块不能共用，以保证内外圈检测数据的精度。

1. 外圈内径检测模块

6202、6203 两种型号球轴承的检测模块结构及组成原理完全相同，仅在尺寸上存在差异。以 6202 球轴承为例，说明外圈内径检测模块结构及原理，如图 4-11 所示。外圈内径检测模块主要由十字铰链检测机构、位移传感器等组成，十字铰链机构通过十字铰链弹簧片、弹簧将左测量块和右测量块连接。左、右测量块下端安装有左、右测量触头，左测量触头下方通过特殊材料粘贴有两颗陶瓷测量球，右测量触头下方安装一颗陶瓷测量球，三颗陶瓷测量球整体呈圆周分布，陶瓷测量球与其他材质相比具有测量精度高、耐用、不易损伤内外圈沟道等优点，既可保证测量精度，又不会对轴承内外圈的表面质量产生影响。

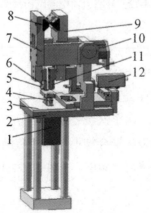

1—内径检测工位顶起气缸；2—底板；3—外圈放置台；4—轴承顶起板；5—陶瓷测量球；

6—左测量触头；7—左测量块；8—十字铰链机构；9—右测量块；10—外圈测量气缸；

11—右测量触头；12—位移传感器

图 4-11　外圈内径检测模块结构及原理

图 4-12 所示为外圈内径检测结构及原理图,包括左右测量触头、陶瓷测量球、位移传感器等。当 6202 轴承外圈被移送装置移送至外圈放置台时,6202 外圈测量气缸伸出,推动右测量块向左移动,使左测量触头和右测量触头贴合。外圈内径检测工位顶起气缸,推动轴承顶起板,带动轴承外圈向上移动,使左测量触头和右测量触头同时穿过轴承外圈孔。6202 外圈测量气缸回缩,右测量块在十字铰链弹簧片及弹簧的作用下向右侧回弹。由于左测量触头和右测量触头已穿过外圈,因此右测量块在回弹时,左右测量触头上的陶瓷测量球会抵住轴承外圈内径,使轴承外圈固定。位移传感器检测出右测量块与初始位置的偏差,获得 6202 外圈内径值,并将数据传输至控制管理系统记录保存。完成测量后,6202 外圈测量气缸推动右测量块向左移动,轴承外圈被释放,内圈检测工位顶起气缸缩回,将外圈恢复至放置台。外圈内径检测完成,移送装置将 6202 轴承外圈移送至下一工位。

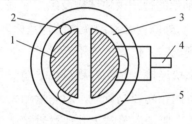

1—左测量触头;2—陶瓷测量球;3—右测量触头;4—位移传感器;5—轴承外圈

图 4-12　外圈内径检测结构及原理

内外圈直径测量的量仪选用东方测量仪 TOP400D,通过 LVDT(Linear Variable Differential Transformer)原理实现测量。它是一种常见类型的机电传感器,可将机械方式耦合的物体直线运动转换为对应的电信号。LVDT 线性位移传感器即插即用,可以测量各种移动。图 4-13 显示了典型的 LVDT 结构及工作原理,该传感器的内部包括一个初级绕组和一对以相同方式缠绕的次级绕组,两个次级绕组对称分布在初级绕组的两侧。线圈缠绕在具有热稳定性的单件式中空玻璃强化聚合物上,加上防潮层后,包裹在具有高磁导率的磁屏蔽层内,然后固定在圆柱形不锈钢护套中。图 4-14 为 TOP400D 量仪实物图。

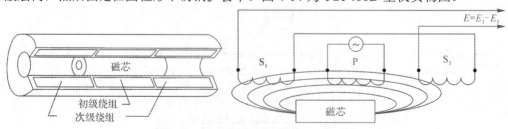

图 4-13　典型的 LVDT 结构及工作原理

图 4-14　TOP400D 量仪实物图

如图 4-13 所示，LVDT 的初级绕组 P 由恒幅值交流电源进行供电。由此形成的磁通量由铁芯耦合到相邻的次级绕组 S_1 和 S_2。如果铁芯位于 S_1 和 S_2 中间，则会向每个次级绕组耦合相等的磁通量，因此绕组 S_1 和 S_2 中各自包含的 E_1 和 E_2 是相等的。在该参考中间铁芯位置(称为零点)，差分电压输出(E_1-E_2)为零。如果移动铁芯，使其与 S_1 的距离小于与 S_2 的距离，则耦合到 S_1 中的磁通量会增加，而耦合到 S_2 中的磁通量会减少，因此感生电压 E_1 增大，而 E_2 减小，从而产生差分电压(E_1-E_2)。相反，如果铁芯更加靠近 S_2，则耦合到 S_2 中的磁通量会增加，而耦合到 S_1 中的磁通量会减少，因此 E_2 增大，而 E_1 减小，从而产生差分电压(E_2-E_1)。

2. 内圈外径检测模块

图 4-15 所示为 6202 内圈外径检测模块结构原理和实物图。轴承 6203 的内圈外径检测模块和 6202 的内圈外径检测模块结构组成完全相同，仅在尺寸上存在差异，这里以 6202 内圈外径检测模块为例来说明。与外圈内径测量模块相似，内圈外径检测模块也主要由十字铰链机构、测量块、测量触头、位移传感器等组成。

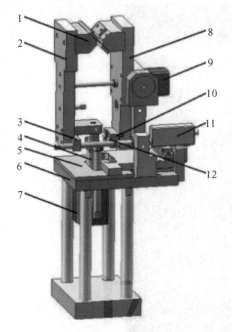

(a) 内圈外径检测模块结构原理　　　　　　(b) 内圈检测实物图

1—十字铰链机构；2—左测量块；3—左测量触头；4—轴承顶起板；5—内圈放置台；6—底板；

7—内圈检测工位顶起气缸；8—右测量块；9—内圈测量气缸；

10—右测量触头；11—位移传感器；12—陶瓷测量球

图 4-15　内圈外径检测模块结构原理和实物图

图 4-16 所示为内圈外径检测结构及原理，包括左右测量触头、陶瓷测量球、位移传感器等。当球轴承内圈被移送装置移送至内圈放置台时，内圈测量气缸伸出，推动左测量块向左移动，使左测量触头和右测量触头分开。内圈检测工位顶起气缸推动轴承顶起板，带动轴承内圈向上移动，使内圈穿过左测量触头和右测量触头之间。外圈测量气缸回缩，左测量块在十字铰链弹簧片及弹簧的作用下向右侧回弹。由于内圈在左测量触头和右测量触头之间，因此左测量块在回弹时，左右测量触头上的陶瓷测量球会抵住轴承内圈外径，使轴承内圈固定。位移传感器检测出左测量块的当前位置与初始位置的偏差获得内圈外径值，并将数据传输至控制管理系统记录保存。完成测量后，内圈测量气缸推动左测量块向左移动，轴承内圈被释放，内圈检测工位顶起气缸缩回将轴承内圈推至放置台。内圈外径检测完成，移送装置将轴承内圈移送至下一工位。

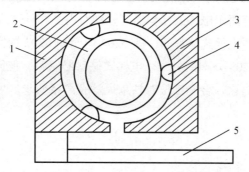

1—左测量触头；2—轴承内圈；3—右测量触头；4—陶瓷测量球；5—位移传感器

图 4-16　内圈外径检测结构及原理

4.2.3　储料模块

完成内外圈尺寸偏差检测后，轴承内圈和外圈需要暂时被存储在储料模块内，通过轴承内外圈匹配算法，完成内外圈的匹配。图 4-17 所示为电梯式储料器结构原理，经尺寸检测后的内圈和外圈，分别存储在内圈电梯式储料器和外圈电梯式储料器中。

电梯式储料器主要由滑块、滚珠丝杆、步进电机及储料箱组成。储料箱包括十个储料格，每个储料格可以存放一个内圈或外圈。待十等分空间全部储存完毕后，根据匹配算法对内圈和外圈进行匹配计算，将相互匹配的内圈和外圈分别移送至合套工位。

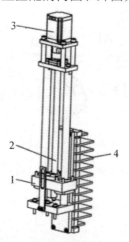

1—滑块；2—滚珠丝杆；3—步进电机；4—储料箱

图 4-17　电梯式储料器结构原理

电梯式合套装球机有两个电梯式储料器，分别对内圈和外圈进行储存。6202、6203 两种型号轴承内、外圈共用电梯式储料器。即 6202 内圈和 6203 内圈均由同一电梯式储料器储存，而 6202 外圈和 6203 外圈由另一个电梯式储料器储存。但因储料器内的轴承内圈和外圈是合套工位的操作对象，合套工位对轴承尺寸有严格要求，所以单次存储只能是同一型号轴承的内圈或外圈。

4.2.4　合套模块

当一对内、外圈直径测量完成后，将与它们各自的标准件比对，如果差值在(−25 μm，25 μm)之间，则内外圈检测合格；如果差值在(−25 μm，25 μm)之外，则视为 NG 品进行剔除。轴承内圈和外圈检测通过后，由气动机械手分别将轴承内圈和外圈抓取，移送至合套模块进行合套。图 4-18 所示为合套模块结构原理，合套模块采用转盘工作方式，共有 8 个工位，模块主要由电机、转盘、合套块、减速装置等组成。

储料器和气动机械手根据匹配算法，首先将选配的内圈放置在合套模块上，电机经减速装置后带动转盘转动，外圈抓取机械手将轴承外圈放置在合套块上，完成合套操作。6202、6203 两种型号轴承共用一套合套模块。

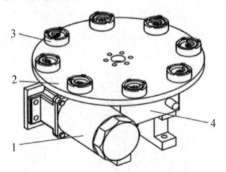

1—电机；2—转盘；3—合套块；4—减速装置

图 4-18　合套模块结构原理

4.2.5　装球模块

轴承内外圈合套完成后，开始对其进行装球操作，图 4-19 所示为装球模块的结构示意图。装球模块由储球罐、输球管和装球部分等组成。图 4-20 所示为装球模块实物图。

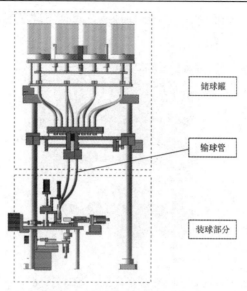

图 4-19 装球模块的结构示意图

图 4-20 装球模块实物图

根据系统要求，储球罐要满足 6202 和 6203 两种型号轴承的下球操作。因为 6202、6203 两种轴承的钢球直径不同，设置两套储球罐。如图 4-21 所示，5 个储球罐为一组，分别用于存储直径为 5.8 mm 和 7.3 mm 的钢球。采用 5 个储球罐为一组的原因在于：下球部分若采用一个大球桶代替 5 个小球桶结构，则在大球桶内部装满钢球后，因球筒底部承受压力过大，将造成下球困难，因而采用多个小储球罐，可使下球顺畅。

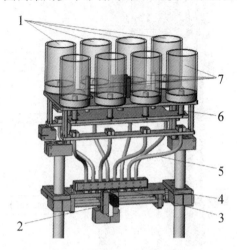

1—Φ5.8 mm 钢球罐；2—弹簧；3、4—下球平台；5—输球管；6—下球块；7—Φ7.3 mm 钢球罐

图 4-21　下球部分的结构原理

图 4-22 为下球块的具体结构。当系统要求注入钢球时，推力气缸推动连接块沿直线滑轨移动。在推力气缸的推力作用下，连接块推动弹簧块顶开弹簧，输球管部分被导通，钢球可通过下球块中间通道进入下球部分与装球部分之间的连接管。当一个球桶内的钢球数量过少而无法顺利下球时，电动机带动滚珠丝杆转动，使安装在丝杆滑台上的部件移动至下一个储球罐进行下球操作。

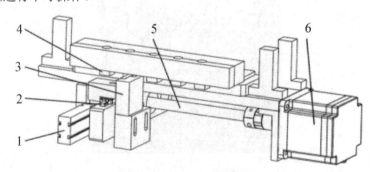

1—推力气缸；2—直线滑轨；3—连接块；4—弹簧；5—滚珠丝杆；6—步进电机

图 4-22　下球块的具体结构

图 4-23 所示为装球部分的结构原理，装球部分主要由外圈定位气缸、内圈位移气缸、内圈定位气缸、导球气缸、压球块等组成。

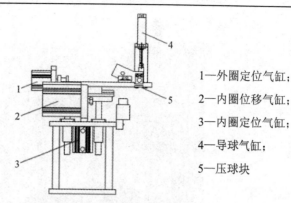

1—外圈定位气缸；

2—内圈位移气缸；

3—内圈定位气缸；

4—导球气缸；

5—压球块

图 4-23　装球部分的结构原理

　　装球部分的工作流程为：内圈定位气缸缩回，带动压球块向下，压住轴承内圈，将内圈固定。随后外圈定位气缸伸出，夹紧外圈。外圈被固定后，内圈位移气缸伸出，将内圈推动，使其紧靠外圈的一边，以保证 8 颗钢球可通过管道顺利进入内外圈空间。此时取钢球气缸伸出，使钢球进入内外圈空间，并通过导球气缸的反复伸缩，使钢球完全进入。注球完成后，移送模块的夹爪将轴承移送至传送带上，传输至下一工序。

4.3　轴承保持架装配机

　　图 4-24 所示为轴承保持架装配机总体结构，它需要完成轴承保持架的装配。按照装配的工位顺序，可将整个设备分为物料输送模块、集球模块、分球及保持架安装模块、保持架检测模块等组成。图 4-25 所示为轴承保持架装配机实物图。

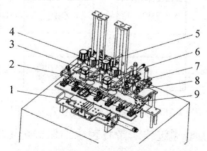

1—物料输送模块；2—上料机构；3—6202 装保持架单元；4—6202 集球单元；5—6203 集球单元；6—6203 装保持架单元；7—6202 保持架高度检测；8—6203 保持架高度检测；9—保持架装配缺陷检测

图 4-24　轴承保持架装配机总体结构

图 4-25　轴承保持架装配机实物图

　　保持架的主要作用是导向及带动滚动体在正确的滚道上滚动，并把滚动体相互之间等间距地分离开，使它们均匀地分布在内外圈沟道的圆周上，防止轴承工作时滚动体相互之间发生额外的碰撞和摩擦，提高轴承的寿命。当轴承类型为分离式时，保持架的作用是阻止滚动体滑落，起着轴承骨架的作用。

　　保持架装配机要求实现两种型号轴承 6202 与 6203 的保持架装配工作，其装配动作流程如图 4-26 所示，分为传送带送料、集球、分球、压装保持架、保持架高度检测、保持架装配缺陷图像检测、合格品出料等。

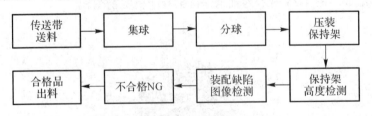

图 4-26　轴承保持架装配机动作流程

　　在轴承完成合套装球之后，通过传送带将轴承部件输送至保持架装配机。以 6203 型号轴承的装配为例，介绍保持架装配工作流程，如图 4-27 所示。

　　① 物料输送模块将轴承部件移送至集球工位，将轴承部件的钢球归中；

　　② 物料输送模块将轴承部件移送至分球工位进行分球；

③ 物料输送模块将轴承部件移送至保持架安装模块，安装保持架；

④ 对保持架进行铆压，检测保持架高度和保持架安装缺陷，不合格的产品将被剔除，合格的产品经传送带被移送至下一站。

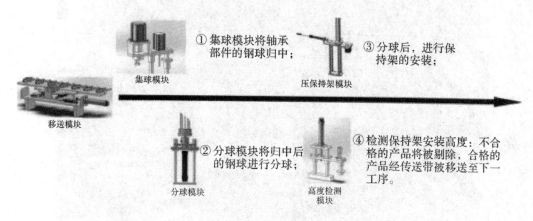

图 4-27　全自动保持架装配机工作流程

4.3.1　物料输送模块

保持架装配机的物料输送由气缸模块来实现，其结构与合套装球机的移送模块相似，实现轴承部件在集球工位、分球工位、保持件安装工位之间以及检测工位的移送。如图 4-28 所示，保持架装配机的物料输送模块由气缸、直线滑轨、底座部分等组成，图 4-29 为物料输送模块实物图。

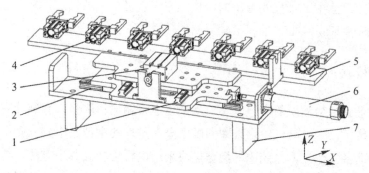

1—Y 轴直线滑轨；2—X 轴直线滑轨；3—伸缩气缸；4—夹爪气缸；5—夹爪安装平台；

6—工位转移气缸；7—支座

图 4-28　物料输送模块结构原理

图 4-29　物料输送模块实物图

　　为便于说明,建立图 4-28 所示的直角坐标系,移送模块可实现 X 和 Y 两个方向的移动, X 轴直线滑轨沿 X 方向安装在底板上,配套的两个滑块及安装在上部的其他部件可在工位转移气缸的推动下,沿 X 轴方向移动;Y 轴直线滑轨沿 Y 方向安装在 X 轴直线滑轨上方的滑轨安装平台上,且在 Y 轴直线滑轨的滑块上方安装多个夹爪气缸。利用上述两自由度移送模块,可实现轴承物料在 X 轴和 Y 轴方向的移送。

4.3.2　集球模块

　　集球工位是保持架装配的第一个环节,由传送带输送模块将合套装球完成的轴承部件移送至集球模块后,将合套轴承内外圈间隙中分布不均的钢球集中到一侧,为后续分球及装配保持架做准备工作。本系统中的集球模块采用电机旋转式归中方法,与传统的插入式归中方法相比,可降低对钢球和轴承内外圈的损伤。图 4-30 为集球模块结构和实物图,主要由集球升降气缸、集球柱、定位圆柱、电机等组成。定位圆柱可将轴承内圈固定,防止轴承在集球过程中发生偏移。因为 6202、6203 两种型号轴承的内圈直径大小存在差异,两型号球轴承的集球模块相互独立，但是其结构原理相同。

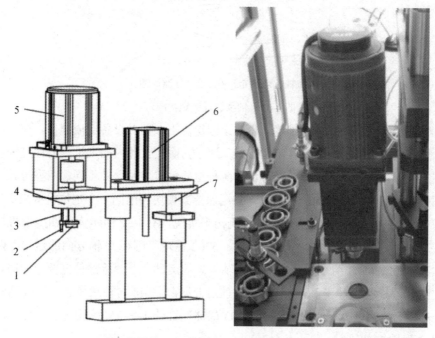

1—定位圆柱；2—集球柱；3—弹簧；4—圆盘；

5—集球电机；6—集球升降气缸；7—支架

图 4-30　集球模块和实物图

当合套装球完成的轴承部件被移送至集球工位后，集球升降气缸推动电机安装板向下移动，集球柱首先插入轴承内圈与外圈缝隙，弹簧受到挤压。当定位圆柱插入轴承内圈，将内圈固定后，集球电机开始转动，集球柱随集球电机的转动将钢球集中。集球完成后，集球电机停止转动，集球升降气缸回缩带动电机上移，物料输送模块将集球完成的轴承部件移送至下一工位。

4.3.3　分球及保持架安装模块

轴承部件完成集球后需要进行分球和装保持架操作，为了节省空间，将分球和装保持架放在一个工位完成。

本模块中，分球操作采用上插式分球，为了保证分球针能够正常插入轴承将钢球分开，在放置板上开有与分球针数量相等、尺寸略大于分球针直径的通孔，其结构如图 4-31 所示。

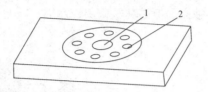

1—轴承内圈定位孔；2—分球针通孔

图 4-31　轴承放置板结构原理

为了保证轴承内钢珠分球的准确，也防止因定位不准而对设备造成损伤，在分球前首先要对轴承进行定位，采用轴承内孔定位方式，通过内圈定位孔内的定位顶杆穿过轴承内圈来实现，该定位方式能够保证定位的准确。因两种型号轴承内径尺寸不同，两型号轴承分球定位模块不可共用。为简化结构，轴承分球与压保持架模块利用同一个定位机构来实现。

轴承分球的定位还需要配合外圈定位机构来实现，图 4-32 所示为外圈定位机构的结构原理。保球伸缩气缸可实现 6203 保球半圆、6202 保球半圆在 X 轴方向的运动，两个保球气缸可实现 6202、6203 两个保球半圆在 Z 轴方向的运动。当轴承部件需要定位时，根据轴承型号，选择合适的保球半圆，保球伸缩气缸推动保球半圆向轴承靠近，使其贴紧轴承外圈表面。若装配的轴承为 6203 轴承，则 6203 保球气缸伸出，将轴承固定在一侧。对于 6202 轴承，操作与 6203 相似。

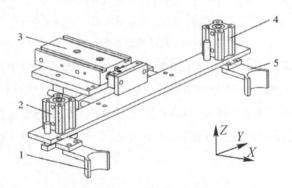

1—6203 保球半圆；2—6203 保球气缸；3—保球伸缩气缸；

4—6202 保球气缸；5—6202 保球半圆

图 4-32　外圈定位机构的结构原理

定位完成后，便可开始分球操作，分球模块主要由分球气缸、分球针安装座、分球针组成，图 4-33 所示为分球模块的结构原理。整个装置使用 8 根长短不一的分球针，呈圆周均匀分布在分球针安装座上，分球针可随分球气缸移动。8 根分球针在移动时可穿过图 4-31

所示轴承放置板上的分球针通孔。

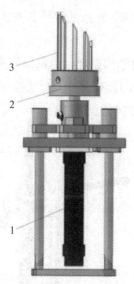

1—分球气缸；2—分球针安装座；3—分球针

图 4-33　分球模块的结构原理

　　如图 4-34 所示为分球模块的动作流程，当轴承集球完成后被移送至分球工位，分球气缸带动分球针上行，分球针穿过轴承放置板的分球针通孔后，轴承开始分球。首先是最长的分球针插入钢球中间，随着分球气缸的继续上行，其余分球针依次插入邻近的钢球缝隙，直到最后一根最短分球针插入分开最后两个钢球，分球动作完成。此时钢球与分球针交替分布，两个钢球间的缝隙恰好容纳一根分球针。

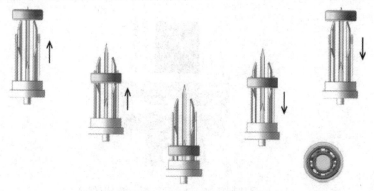

图 4-34　分球模块的动作流程

　　分球动作完成后，进行装保持架操作。装保持架模块可分为保持架上料部分和压保持架部分。因 6202 与 6203 两种型号轴承的内圈、外圈及钢球间的尺寸差异，两者所需要的保持架尺寸也不相同，所以为完成两种轴承的保持架安装，两种型号的轴承保持架装配模块相互独立。

图 4-35 所示为保持架上料装置结构原理，由保持架推出气缸、推板、保持架上料杆、压保持架位等组成。在上料杆上面，套有保持架，当推出气缸带动推板推动保持架，至压保持架位置时，送保持架完成，此时气缸不回缩。

1—保持架推出气缸；2—推板；3—保持架上料杆；4—压保持架位

图 4-35　保持架上料装置结构原理

图 4-36 所示为压保持架装置结构原理，其包括压保持架气缸、取保头、升降板、保持架找点电机等部分组成。压保持架部分通过法兰固定在支撑杆上，压保持架气缸的推杆、保持架找点电机及取保头均与安装板连接，取保头安装在轴承一端，轴承另一端固定在安装板上。取保头与分球部分定位机构为同一机构。

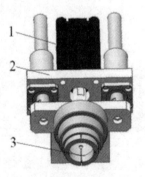

1—压保持架气缸；2—升降板；3—取保头

图 4-36　压保持架装置结构原理

　　保持架上料完成后，压保持架气缸推动取保头向下移动至保持架内圈，取保头圆环逐渐伸入保持架后，可套住保持架。压保持架气缸缩回后，保持架被气缸带动上升一定距离，取保持架完成。保持架找点电机可带动保持架转动，将原本随机分布的保持架转动至与钢球分布对应的位置，可避免保持架位置不合适造成压装不到位或压装后保持架损伤等情况。步进电机完成保持架角度的调整后，气缸将保持架压入轴承，完成保持架压装。

4.3.4　保持架检测模块

　　压保持架完成后，需要检测压装后的保持架高度，判断其是否压装合格。图 4-37 所示为保持架高度检测模块结构原理和实物图，主要由保持架高度检测气缸、检测头和保持架高度检测电阻尺等组成。保持架高度检测头与检测电阻尺可在保持架高度检测气缸的带动下，随安装平台上下移动。轴承到达检测位置后，保持架高度检测气缸推动检测头及检测电阻尺下行，当检测头触碰到轴承保持架时，由于检测气缸继续下行，使检测头带动电阻尺产生位移。通过保持架高度检测电阻尺的位移，可计算出保持架压入后的高度，若大于允许范围则保持架装配不合格，反之则判断为合格。因两种型号轴承的保持架高度不同，两种型号轴承的保持架高度检测模块不可共用。

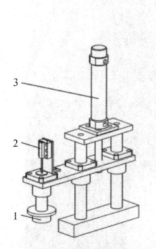

1—检测头；2—保持架高度检测电阻尺；3—保持架高度检测气缸

图 4-37　保持架高度检测模块结构原理和实物图

在保持架高度检测后，还有一个检测工位，利用机器视觉方法来检测有无保持架及保持架是否安装到位，其结构原理及实物如图 4-38 所示。两种型号轴承共用一套该检测模块。保持架检测模块主要由激光发射器、有机塑料板、反射板等部件组成，有机塑料板和反射板位于激光发射器的正下方，有机塑料板与反射板接触，且有机塑料板位于上方，防止轴承放置对反射板造成损伤。激光发射器发出的检测光束至保持架，通过机器视觉图像检测方法，判断安装保持架是否安装或安装是否到位。

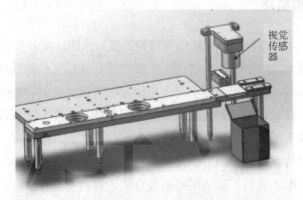

图 4-38　保持架装配缺陷检测结构原理及实物

4.4 定位清洗机

4.4.1 清洗工艺

因轴承的内外圈或钢球等部件在装配前本身可能存在一些污渍，或者经过装配后使轴承零部件上沾染了一些污渍，所以在轴承完成保持架安装后，进行注脂压盖等工序前，需要对轴承的半成品进行清洗。

保持架安装完成后，轴承将被传送至清洗工位。清洗工位整体置于保护罩中，使得清洗工位与外界隔离，保护壳设置有开关窗，可对设备实施调整。清洗部分可分为六个工位，分别为清洗、翻身、第二面清洗、烘干、翻身、第二面烘干，其中清洗工位分为粗洗与精洗，烘干工位分为吹干、二次吹干、烘干。轴承清洗与烘干工位，均在保护罩中进行。6202 与 6203 两种型号轴承共用一套清洗装置。全自动定位清洗机主要工作流程如图 4-39 所示。

图 4-39　全自动定位清洗机主要工作流程

对轴承清洗机的设计需先分析完成装配后的轴承上可能附着或黏附的污物，如零部件在加工中产生的细小金属粉屑、磨料微粒、设备运行过程中附着的各种油污、工件在移送或装配过程中沾染的污物等，这些污物若不清洗干净，会对轴承的正常使用产生严重影响，尤其是轴承在高速运转或高温环境下使用时，轴承内外圈的污渍或游离的铁屑等，严重影响轴承的寿命或应力状态，还将直接缩短轴承的使用寿命。

污渍的成分可分为有机物和无机物两种，有机物可通过相容性原理进行清除，无机物一般是黏附在轴承表面或内外圈间的沟道内，可采用清洗剂喷淋方式进行清除。粗洗阶段主要是钢球、保持架等在装配完成后，使用煤油等清洗剂清洗金属性质的垃圾物。精洗阶段主要是清洗轴承内外圈沟道间的细小杂质。目前常用的轴承清洗剂主要有煤油清洗剂和水基清洗剂两大类。煤油清洗剂可以稀释、软化或溶解掉工件表面的油性污物，但是溶解到煤油的油性污物，会与煤油混合在一起，使煤油的清洁度下降，甚至会悬浮一些细微的细小颗粒，这些都会造成二次污染。水基清洗剂可以熔融或乳化油性污物，可以通过冲洗

的方式剥离附着污物，并且清洗后油性污物会悬浮在清洗剂表面，颗粒固体物在静止后会
发生沉降，能较好地防止发生二次污染。

　　对轴承的清洗要根据不同要求选择不同的喷头，图 4-40 所示为常见清洗喷头类型。喷
头喷出清洗剂的形状主要有伞盖式、圆锥式、圆柱式和发散式四种。伞盖式喷头喷出的液
滴为空心锥形，在被撒面形成圆环状喷雾，这种喷洒方式适合大范围喷洒，且经济性好；
圆锥式喷头喷出的液滴为实心锥形，形状和伞盖式相似，其特点是覆盖区域内充满液滴，
因此适用于均匀喷洒和平面喷洒的工况；圆柱式喷头可应用于小范围且强力喷洗的工况，
例如凹槽和沟道等狭窄部位；发散式喷头可作为辅助喷头使用，以达到最大喷洒范围的效
果。一般考虑各类喷头交替布置的形式，以实现在成本最低的条件下，达到最佳清洗效果。
此外，喷洗工位将喷头置于保护罩内部，整个喷洗操作都是在保护罩保护下进行的。

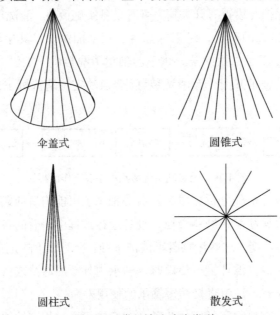

伞盖式　　　　　　　　　　圆锥式

圆柱式　　　　　　　　　　散发式

图 4-40　常见清洗喷头类型

　　根据被喷物体结构选择适合的喷头形状，并设计一个合适的喷洒方案以达到最大喷洒
效果。轴承一般呈对称结构，其喷头喷洒排布也应对称排布，圆锥式喷头覆盖范围大，可
用于喷洗轴承侧面；圆柱式喷头覆盖范围小，且强度高，故排布在上方清洗滚动体、内圈
外侧面和外圈内侧面的区域；其余区域有多个伞盖式喷头排布覆盖。具体方案如图 4-41 所
示，共十个喷头，其中侧面排布两个圆锥式喷头，轴承滚动体上方排布两个圆柱式喷头，
两个圆柱式喷头中间排布两个伞盖式喷头，其外侧各排布两个伞盖式喷头。

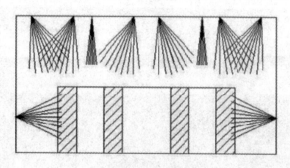

图 4-41　喷头布置方案

轴承安装完保持架后，被移送至清洗工位，为防止轴承清洗时清洗剂的飞溅，设备具有外部保护罩，将整个清洗工位与外界隔离。在保护罩上安装有控制窗口，可对设备的运行进行控制和调整。

图 4-42 所示为定位清洗机结构原理，主要包括以下几个部分：上料退磁模块、清洗模块、翻转模块、吹干模块、出料模块和工位转移模块。清洗流程包括粗清洗和精清洗两部分，吹干流程包括一次吹干和二次吹干两部分。由于两次清洗及两次吹干之间都需要将轴承翻面，在两次清洗及两次吹干之间设置翻转模块。另外，工位转移模块的作用是将轴承从一个工位移至下一个工位。对于全自动定位清洗机而言，可实现 6202 与 6203 两种型号轴承清洗共用。图 4-43 所示为全自动定位清洗机实物图。

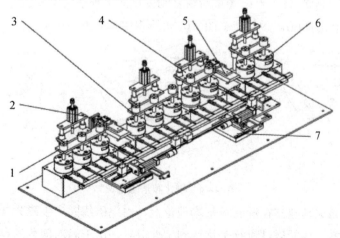

1—粗清洗模块；2—第一翻转模块；3—精清洗模块；4——次吹干模块；5—第二翻转模块；

6—二次吹干模块；7—工位转移模块

图 4-42　定位清洗机结构原理

图 4-43　全自动定位清洗机实物图

4.4.2　上料退磁模块

半成品轴承通过退磁器，消除轴承的磁性，避免吸附铁屑。退磁器是用来消除工件因机械加工所产生的剩磁，使工件磁畴重新恢复到磁化前那种杂乱无章状态的过程，如图 4-44 所示，从磁化前状态图(a)，磁化状态图(b)，再到退磁后状态图(c)。

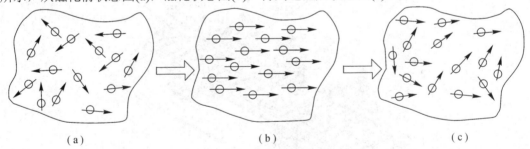

（a）　　　　　　　　　　　　　　（b）　　　　　　　　　　　　　　（c）

图 4-44　磁化和消磁原理

退磁器的退磁原理建立在漏磁场基本理论上，由电磁线圈产生磁力线，直接或间接地通过磁力线对原本工件的磁性进行干扰达到工件退磁。由于磁滞现象的存在，当铁磁材料磁化到饱和后，即使撤销外加磁场，材料中的磁感应强度仍回不到零点。电磁退磁方法是通过加一适当的反向磁场，使得材料中的磁感应强度重新回到零点，且磁场强度或电流必须按顺序反转和逐步降低。

上料退磁模块用于轴承上料和退磁，如图 4-45 所示。该模块包括上料皮带、上料电机、推入位气缸和退磁机。上料电机驱动上料皮带进行轴承上料，上料检测传感器检测上料位置，当轴承到达推入位时，推入位电机将轴承送入退磁位，退磁位上的退磁器对轴承进行退磁。

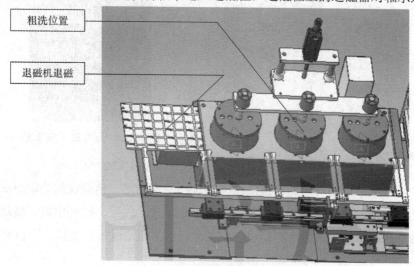

图 4-45　上料退磁模块结构原理

4.4.3　清洗模块

当轴承被移送至全自动定位清洗机时，首先被移送至粗清洗工位，轴承的每一面都要进行清洗操作，如前面介绍的需要对于轴承粗清洗和精清洗，所以一个轴承的完整粗清洗流程为：一面粗清洗、轴承翻面、另一面粗清洗。

粗清洗模块结构原理及实物如图 4-46 所示，主要包括保护罩、推动气缸、粗洗电机、输送管道、喷头、圆形轴承托盘等部件。轴承移送至清洗工位的圆形托盘上方后，气缸推动清洗保护罩向下移动，将轴承置于保护罩内部，粗洗电机转动轴承，清洗剂输送管道与保护罩上方连通，清洗剂通过输送管道传送至喷头，被喷头喷出，轴承清洗开始，清洗一段时间后，粗洗电机停止旋转，清洗结束，保护罩升起。圆形托盘位于保护罩正下方，轴承在清洗工位所处的圆形托盘上开设泄漏孔，清洗过程中，清洗剂可通过泄漏孔流回清洗工位下方的清洗剂收集器，这样既有利于清洗剂的回收，也可防止清洗剂的堆积。保护罩可以将轴承清洁剂隔离，同时防止其四处飞溅，利于回收。

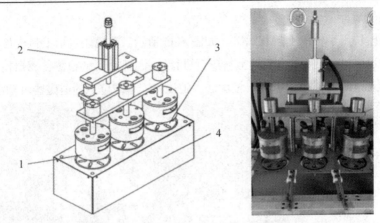

1—保护罩；2—推动气缸；3—圆形轴承托盘；4—粗洗电机(安装于箱体内)

图 4-46　粗、精清洗模块结构原理及实物

精清洗是对轴承经翻转后的再次清洗，保证清洗更彻底。精清洗模块的组成部分和粗清洗模块结构相同。其组成部分也主要包括保护罩、推动气缸、精洗电机、输送管道、喷头、圆形轴承托盘等部件。精清洗模块的工作原理也与粗清洗模块类似，不再赘述。

4.4.4　翻转模块

在两次清洗及两次吹干之间都设置有翻转模块。以清洗模块为例，轴承的一面清洗完成后，需要对轴承进行翻身操作，清洗轴承另一面。翻转模块结构原理及实物如图 4-47 所示，主要由夹持气爪，上、下夹板，翻转气缸等部件组成。

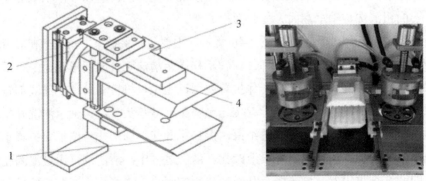

1—下夹板；2—翻转气缸；3—夹持气爪；4—上夹板

图 4-47　翻转模块结构原理及实物

轴承被移送至翻身工位，夹持气爪夹紧，与气爪相连的上、下夹板将轴承夹紧，为防止轴承在翻身过程中滑落，在上、下夹板的夹持面上开有条形纹路，以增大夹持摩擦力。夹持气爪与翻转气缸相连接，轴承被夹板夹紧后，通过翻转气缸带动夹持气爪转动，实现轴承的 180º 翻转。

4.4.5　吹干模块

轴承两个面都经过清洗后，被输送至吹干模块进行吹干操作。图 4-48 所示为吹干模块结构原理和实物。吹干模块包括一次吹干模块和二次吹干模块，两个吹干模块结构完全相同，分别包括两个保护罩和一个推动气缸。在一次吹干模块和二次吹干模块之间设置翻转模块，目的是在轴承一面吹干后，翻转另一面，完成两面吹干。

轴承被移送至吹干模块后，在推动气缸的作用下保护罩向下移动，将轴承与外界隔离，对与轴承的单面烘干流程为一次吹干、烘干，然后与清洗模块一样，需要对轴承进行翻身操作，进行第二面的吹干操作，流程与第一面相同。

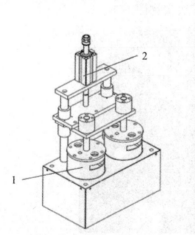

1—保护罩；2—推动气缸

图 4-48　吹干模块结构原理及实物

4.4.6　工位转移模块

轴承在整个全自动定位清洗机的移送，需要一套工位转移模块，其主要由三个气缸及多组夹爪组成，三个气缸包括工位转移气缸、夹爪夹持气缸和夹爪伸缩气缸，如图 4-49 所示。每个清洗工位对应一个夹爪，多组夹爪统一动作。首先是夹爪伸缩气缸缩回，当轴承由输送线输送至清洗机的工位转移模块时，夹爪伸缩气缸伸出，并触发夹爪来夹紧轴承，然后工位转移气缸动作，将轴承输送至下一工位。由此可见，三个气缸联合动作，使得轴承在定位清洗机中有序移送。

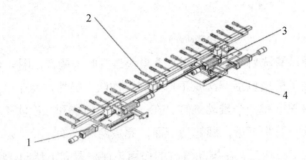

1—工位转移气缸；2—夹爪；3—夹爪夹紧气缸；4—夹爪伸缩气缸

图 4-49　工位转移模块结构原理

图 4-50 所示为清洗机中的工位转移模块实物图。

图 4-50　工位转移模块实物图

4.5　轴承游隙检测机

轴承游隙检测机是轴承柔性装配线的第四台设备，它能够实现 6202 和 6203 两种型号轴承的游隙检测功能。游隙是指轴承内圈、外圈、滚动体之间的间隙量。滚动轴承游隙是轴承的关键指标之一，其大小对轴承的滚动疲劳寿命、温升、噪声、振动等性能有很大影响，因此需要检测所生产轴承的游隙值是否符合要求。

图 4-51 所示为全自动轴承游隙检测机的结构原理，主要由游隙检测上料模块、气爪移送模块、轴承游隙检测模块和出料模块等部分组成。图 4-52 所示为全自动轴承游隙检测机实物图。

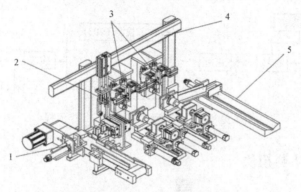

1—游隙检测上料模块；2—气爪移送模块；3—轴承游隙检测模块；4—滑轨；5—出料模块

图 4-51 全自动轴承游隙检测机的结构原理

图 4-52 全自动轴承游隙检测机实物图

下面介绍全自动轴承游隙检测机的工作流程，如图 4-53 所示，轴承通过定位清洗机后，将进入游隙检测机进行轴承游隙检测。首先，轴承经过上料、翻转和移送后，进入游隙检测工位。由于 6202 和 6203 两种型号轴承的游隙要求不一致，因此有两套游隙检测系统分别对 6202 轴承和 6203 轴承进行游隙检测，两者的游隙检测原理相同。经游隙检测后，轴承再次移送，合格品出料，NG 品进入废品槽。

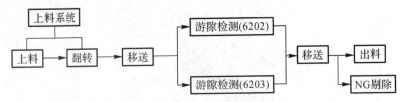

图 4-53　全自动轴承游隙检测机工作流程

4.5.1　游隙检测上料模块

全自动轴承游隙检测机的游隙检测上料模块主要由上料机构、轴承翻转模块和气爪移送机构等组成，如图 4-54 所示。上料机构包括上料电机、上料皮带、到位检测传感器和推入位气缸，上料电机驱动上料皮带转动，轴承在上料皮带的带动下，移动到上料位置，触发到位检测传感器，推入位气缸将轴承推入至 U 型夹块中间。轴承翻转模块包括 U 型夹块、翻转气缸、翻转夹紧气缸，U 型夹块有上下两块，轴承进入 U 型夹块后，翻转夹紧气缸控制 U 型夹块夹紧轴承，并将轴承旋转 90°。

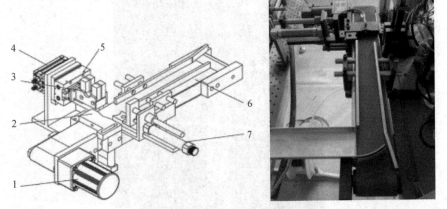

1—上料电机；2—到位挡块；3—U 型夹块；4—翻转气缸；5—翻转夹紧气缸；6—上料皮带；7—推入位气缸

图 4-54　游隙检测上料模块

4.5.2　气爪移送模块

气爪移送模块主要完成轴承在游隙检测机中的移送，将轴承从翻转模块上依次移送至游隙检测工位，不合格品剔除，而合格品进入出料工位。如图 4-55 所示，气爪移送模块包括工位转移升降气缸、工位转移夹紧气缸和工位转移电机。工位转移夹紧气缸负责将被翻转模块竖立起的轴承夹住，工位转移升降气缸可以将被夹住的轴承抬起，工位转移电机负责将夹住的轴承进行工位转移。

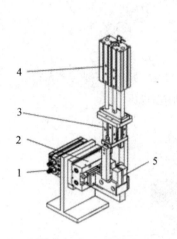

1—翻转气缸；2—翻转夹紧气缸；3—工位转移夹紧气缸；4—工位转移升降气缸；5—U 型夹块

图 4-55　气爪移送模块结构原理及实物

4.5.3　游隙检测模块

游隙检测模块是全自动轴承游隙检测机的最主要环节。游隙检测模块采用间隙测笔测量的方法，相对于传统方法，极大提高了轴承游隙的检测速率以及准确性。游隙检测模块主要由间隙测笔、间隙测量位、夹紧气缸等组成，如图 4-56 所示。间隙测笔、左夹紧气缸、右夹紧气缸均安装在固定板上。后加压气缸移动至轴承位置，前加压气缸将轴承顶入间隙检测位，被检测轴承的内圈套在间隙测量位上，外圈被间隙测笔一端顶住。通过左夹紧气缸、右夹紧气缸和下加压气缸协调运动，间隙测笔可测得轴承在不同位置的间隙，将两次测量的数值计算差值，可计算出轴承的游隙值。转角电机转动一定角度，重复实施上述检测流程多次，并求取游隙的平均值。游隙检测系统实物图如图 4-57 所示。

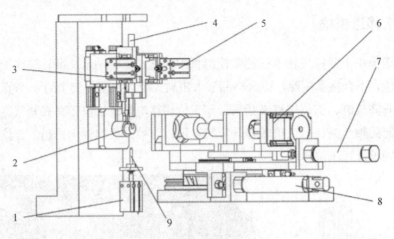

1—下加压气缸；2—间隙测量位；3—左夹紧气缸；4、9—间隙测笔；5—右夹紧气缸；

6—转角电机；7—前加压气缸；8—后加压气缸

图 4-56　游隙检测系统结构图

图 4-57　游隙检测系统实物图

　　经游隙检测后的轴承被移送到出料系统，如图 4-58 所示。出料系统包括滑槽、NG 电机、出站块和废品槽。轴承从滑槽滑下，如果该轴承检测合格，则直接通过出站块；如果检测不合格，NG 电机驱动不合格轴承掉入废品槽。

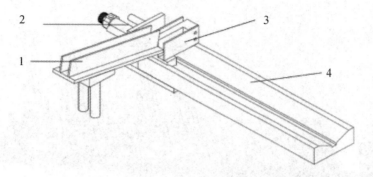

1—滑槽；2—NG 电机；3—出站块；4—废品槽

图 4-58　游隙检测出料系统结构图

4.6　注脂压盖均脂机

　　轴承完成清洗及游隙检测后，将被移送至全自动注脂压盖均脂机上，完成双面注脂压盖及均脂操作。图 4-59 所示为注脂压盖均脂机动作流程，传送带传输轴承，移送模块移送轴承至称重工位，注脂完成后，轴承进行压盖、翻身，反面注脂、压盖、均脂等工位。

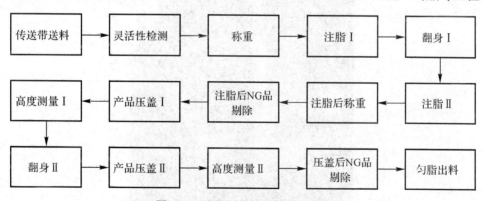

图 4-59　注脂压盖均脂机动作流程

　　图 4-60 为注脂压盖均脂机结构原理，整个注脂压盖均脂动作采用串联形式，从上料位开始，共包括 9 个工位，分别为上料位、灵活性检查位、轴承正面注脂位、轴承反面注脂位、轴承正面压盖位、轴承正面高度检测位、轴承反面压盖位、轴承反面高度测量位、均脂位。图 4-61 所示为全自动注脂压盖的均脂机实物图。

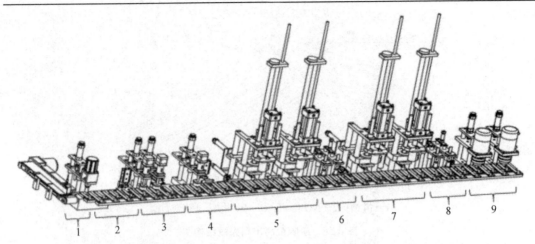

1—上料位；2—灵活性检查位；3—轴承正面注脂位；4—轴承反面注脂位；5—轴承正面压盖位；
6—轴承正面高度检测位；7—轴承反面压盖位；8—轴承反面高度测量位；9—均脂位

图 4-60　注脂压盖均脂机结构原理

图 4-61　全自动注脂压盖均脂机实物图

图 4-62 所示为全自动注脂压盖均脂机操作的流程图，主要分为以下几步：

① 传送带将游隙检测合格轴承移送至指定位置，注脂压盖均脂机的移送模块将轴承移送至灵活性检测模块，由力矩可调的力矩感应式电机对轴承进行力矩检测，检测出旋转扭矩过载的轴承，并剔除。

② 灵活性检测完成后，称重模块在轴承注脂前进行称重，并将称重数据保存。如果轴承重量满足要求，则进入第一次注脂工位；如果轴承重量不满足要求，则视为 NG 品进行剔除。

③ 注脂前称重检测完成后，将轴承部件移送至注脂模块进行单面注脂，对注脂后的轴承进行称重，剔除不合格者，然后将轴承翻盖，另一面注脂及称重。

④ 注脂完成后，轴承进行压盖操作，然后对压盖高度进行检查，不合格产品将被剔除，然后轴承翻身，完成反面的压盖和压盖高度检查。

⑤ 最后，对轴承进行均脂操作。

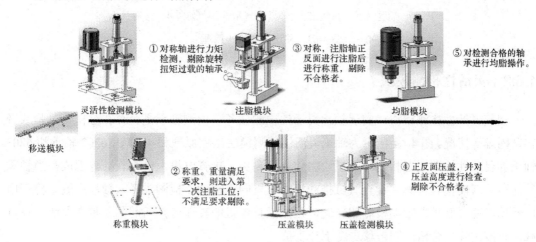

图 4-62　全自动注脂压盖均脂机操作的流程图

为了尽量减少装配模块，并满足两种轴承型号的混合装配需求，对 6202 与 6203 两种型号轴承设置单独的力矩检测模块、注脂模块、压盖模块及压盖检测模块，其余模块对于两种型号轴承可以共用。

4.6.1　注脂压盖均脂机的移送模块

对于全自动注脂压盖均脂机，要保证压盖和注脂的精确度，所以其移送装置采用带"V"型槽的特制夹爪进行抓取及定位。移送模块结构原理如图 4-63 所示，主要包括搬运气爪平移气缸、搬运气爪伸缩气缸、多组搬运气爪、移动部件导轨等部件组成。搬运气爪通过调节张弛夹持部件的开合，实现对 6202 与 6203 在内的多种型号轴承的夹持定位。搬运气爪平移气缸通过连接板固定在设备底板，搬运气爪平移气缸头部通过固定板与搬运气爪连接。

通过搬运平移气缸和伸缩气缸，实现两个自由度方向的移送。

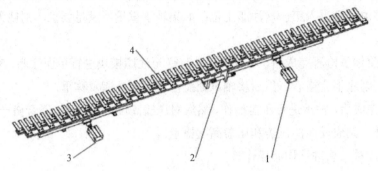

1、3—搬运气爪平移气缸；2—搬运气爪伸缩气缸；4—搬运气爪

图 4-63　移送模块结构原理

4.6.2　灵活性检测模块

　　轴承灵活性检测模块，实现轴承灵活性检测任务，检测轴承是否存在过松、过紧或者转动困难等情况。图 4-64 所示为轴承灵活性检测模块结构原理和实物图，6202 轴承和 6203 轴承的灵活性检测原理相同。该模块主要由检测头、检查电机、检查气缸等组成。当轴承移送至灵活性检查位时，检查气缸推动检查电机向下移动，检测头插入轴承内圈。检查电机转动，通过联轴器带动检测头转动，根据检查电机的转速可判断此轴承是否灵活。若过载，将被剔除；合格，则被移送至下一工位。

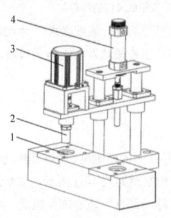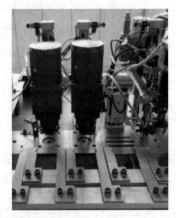

1—灵活性检查位；2—检测头；3—检查电机；4—检查气缸

图 4-64　轴承灵活性检测模块结构原理及实物图

4.6.3　称重模块

图 4-65 所示为称重模块结构原理和实物图。此工位实现灵活性检测后的轴承称重任务，主要包括称重传感器、称重气缸等。当轴承被移送至轴承称重位时，称重气缸伸出，轴承称重位随着称重气缸地伸出而下降，称重传感器穿过轴承称重位上的通孔与轴承接触并托起轴承。此时称重传感器开始测量轴承重量，如果轴承重量满足要求，则进入第一次注脂工位；如果轴承重量不满足要求，则视为 NG 品进行剔除。称重完毕后称重气缸缩回。

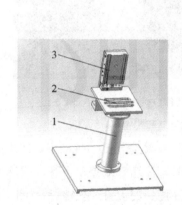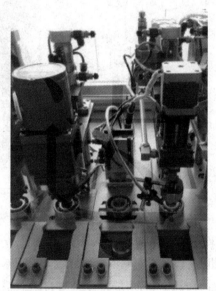

1—称重传感器；2—轴承称重位；3—称重气缸

图 4-65　称重模块结构原理及实物图

4.6.4　注脂模块

润滑脂在轴承中的作用非常重要，能够润滑、耐磨，延长轴承寿命等。对轴承来说，润滑脂注脂量既不能过少也不能太多，如果润滑脂过少，轴承阻力变大、温度升高，轴承寿命急剧缩短；如果润滑脂多于设定量，很容易发生油脂外漏，破坏轴承内部环境的洁净，导致外界灰尘聚集，也会缩短轴承寿命。轴承柔性生产线中的注脂模块结构和实物图如图

4-66 所示，6202 轴承和 6203 轴承的注脂模块原理相同。注脂模块主要由注脂头、找球光纤、找球电机、注脂气缸等部分组成。

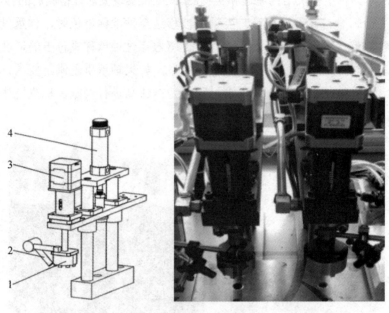

1—注脂头；2—找球光纤；3—找球电机；4—注脂气缸

图 4-66　注脂模块结构原理和实物图

如图 4-66 所示，当轴承被移送至注脂模块后，在注脂气缸的推动下，注脂头、找球光纤、找球电机下行。注脂头接触到保持架或钢球时，注脂气缸停止下行。找球电机根据找球光纤对保持架或钢球凸点的检测结果自动调整注脂头的位置，使注脂头上的注脂孔对正保持架凸点或钢球凹点，注脂泵输出油脂进行注脂，当光纤定位器找不到特征点时，不进行注脂。轴承完成注脂，且称重检测合格后，需进行翻转操作，对另一面进行注脂。翻转模块与定位清洗机的翻转模块结构相似，这里不再赘述。

4.6.5　压盖模块

压盖模块实现注脂后的压装端盖任务。轴承端盖的作用在于密封住润滑脂，使轴承润滑良好，还可起到防止外界灰尘等进入轴承内部的作用。图 4-67 所示为压盖模块的结构原理和实物，对于压盖模块可分为取盖和压盖两部分，6202 轴承和 6203 轴承的压盖模块原理相同。压盖模块主要由压盖气缸、托盖头、推盖气缸等部件组成。

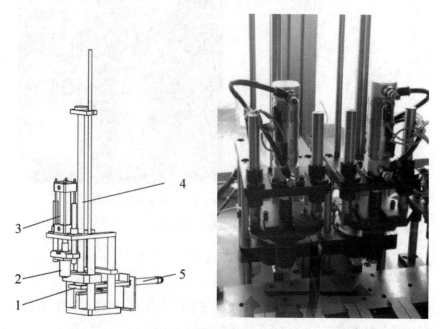

1—取盖板；2—托盖头；3—压盖气缸；4—上料杆；5—推盖气缸

图 4-67　压盖模块的结构原理和实物

　　为了提高装配效率，一次性完成取盖与压盖操作，如图 4-67 所示，轴承端盖通过上料杆落至取盖凹槽内，推盖气缸将端盖推进至指定位置；压盖气缸推动托盖头向下至端盖内圈，然后托盖头的中心内圈套住端盖内圈，使端盖可随托盖头运动，压盖气缸带动端盖向下，完成压盖操作。

4.6.6　压盖检测模块

　　轴承完成压盖后，移送模块将轴承移送至压盖检测模块，对压盖后的端盖高度进行检测。图 4-68 所示为压盖检测模块的结构原理和实物，6202 轴承和 6203 轴承的压盖检测模块原理相同。压盖检测模块主要由检测头、高度测量气缸、高度测量电阻尺等部件组成。当轴承被移送至压盖检测模块后，高度测量气缸推动检测头及高度测量电阻尺安装平台下行；当检测头接触到轴承端盖后，高度测量气缸停止移动，电阻尺检测下行高度，计算出当前端盖的高度，若该高度在误差范围内则合格，否则被剔除。

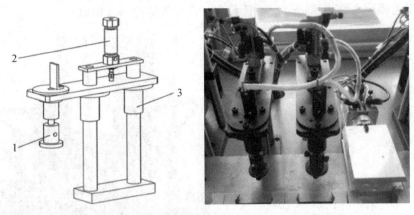

1—检测头；2—高度测量气缸；3—高度测量电阻尺

图 4-68　压盖检测模块的结构原理及实物

4.6.7　均脂模块

注脂模块对轴承注脂后，轴承内的润滑脂分布并不均匀，需要均脂模块进行均脂操作，压盖后均脂质量的好坏直接影响轴承的振动和噪声。

图 4-69 所示为均脂模块的结构原理和实物，6202 轴承和 6203 轴承的均脂模块原理相同。均脂模块主要由均脂头、均脂电机、均脂气缸等部件组成。轴承完成双面压盖后，移送模块将其移送至均脂模块后，均脂气缸推动均脂头、均脂电机向下移动，并带动均脂头深入轴承内圈，均脂电机带动均脂头高速转动，从而带动内圈转动，实现均脂效果。

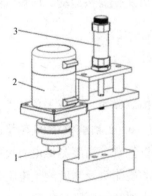

1—均脂头；2—均脂电机；3—均脂气缸

图 4-69　均脂模块的结构原理及实物

4.7　激 光 打 标 机

　　轴承完成合套装球、保持架装配、游隙检测、注脂压盖等操作后，已经完成整体装配，但还需进行最后一道激光打标工序。对轴承进行激光打标，是将轴承相关的信息通过激光打标机刻印在轴承外圈，这些信息通常包括商标、生产时间、轴承型号等一般信息，还可能包括轴承装配各零部件的来源、尺寸及偏差等。用户使用轴承时，通过打标印记获得轴承的详细信息，工厂也可通过这些信息建立完善的质量回溯体系。如果轴承在使用过程中出现问题，用户可将轴承的相关信息反馈给企业，企业可根据打标信息，快速查找出现问题的工厂或生产线，并有效调整生产过程，这也正是工业 4.0 系统所要求的。

　　目前有多种打标形式，如传统的机械雕刻、化学腐蚀打标、电喷打标、油墨印刷打标等，但这些打标技术可能使零件被标记部分产生变形、应力或损坏零件表面。与之相比，激光打标技术具有适用性强、效率高、清洁环保、打标内容可计算机编程控制等优点，已广泛应用到工业领域。

　　图 4-70 所示为激光打标模块原理和实物图。激光打标模块主要由传送带、上料检测、激光打标机等部件组成。在打标前，通过辅助定位装置的作用，实现对轴承的定位。辅助定位装置由辅助定位头、打标夹紧气缸等组成。为防止辅助定位头对轴承造成损伤，辅助定位头采用尼龙材质。辅助定位装置还可通过调节打标夹紧气缸的伸缩长度，实现 6202、6203 两种型号球轴承的定位。

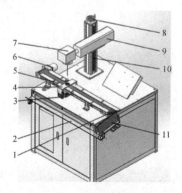

1—传送带；2—回收槽；3—打标夹紧气缸；4—辅助定位头；5—上料检测位；6—电机；

7—激光打标头；8—手动转盘；9—滑块；10—丝杆；11—成品回收位

图 4-70　激光打标模块原理和实物图

激光打标设备固定在丝杆滑块上，通过调节丝杆上方的手动转盘或利用丝杆电机调节激光打标头的高度来适应不同大小工件的打标。激光打标头在辅助定位装置的正上方，并且可以伸缩调节，使其正对工件的打标位置。激光打标设备调整完成后，工件通过传送带模块打标头下方，完成对应文字或图案等内容的打标。

第 5 章　基于工业 4.0 的轴承柔性装配控制系统

柔性装配系统能够完成多品种、中小批量的装配作业，本章从轴承柔性装配控制系统出发，介绍常用的柔性装配控制技术，并具体说明轴承柔性装配的生产管理系统。

5.1　轴承柔性装配控制技术

柔性装配系统所涉及的控制技术很多，例如物联网技术、大数据、人工智能等，本书从具体控制技术出发，介绍在基于工业 4.0 的轴承柔性装配系统中所涉及的主要控制技术，分别有 PLC 控制、RFID 定位与识别技术、机器视觉检测技术、云制造技术。本书把控制技术与生产管理区别开来，轴承柔性装配系统的生产管理控制在 5.3 节中进行说明。

5.1.1　柔性装配系统中的 PLC 控制

PLC 一般作为生产线或生产装备的底层控制器，也是轴承柔性装配线的底层控制器，它直接采集生产线或生产装备的传感器信号，并负责接收上级控制器的控制指令，执行对电磁阀、电机等的具体控制任务，在柔性装配的分级控制系统中起到"承上启下"的重要作用。基于工业 4.0 的轴承柔性装配控制系统中，合套装球机等六台装配设备都各自有一套 PLC 控制器，这些 PLC 控制器都是以西门子 SIMATIC S7-1500 为核心。西门子 S7-1500是为中高端工厂自动化控制任务量身定制的，适合较复杂的应用，可以提升生产效率、缩短新产品上市时间。S7-1500 系列 PLC 拥有多种通信接口，可以访问互联网或局域网(LAN)等网络。轴承柔性装配线工位、工序繁多，控制系统复杂，系统要具备处理各种模拟量、脉冲信号、定时器、计时器等的能力。因此轴承柔性生产线控制系统选取了 SIMATICS7-1500 系列 PLC 作为柔性生产线中的底层控制器。

PLC 是应用于工业环境的控制计算机，一个简单的控制系统包括 CPU 模块、存储器、输入/输出模块、通信接口模块、功能扩展模块、电源模块等，各部分之间通过内部系统总线进行连接。CPU 采集输入模块信号进行处理，并将逻辑结果通过输出模块输出。同时可以通过通信接口将数据上传到 HMI 或上位计算机中进行数据管理，例如对过程数据的归档和查询，报警信息的记录等。图 5-1 所示为 PLC 控制系统的基本结构。

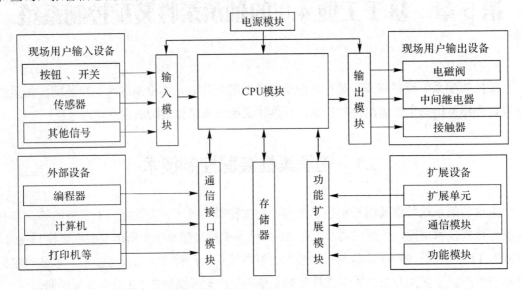

图 5-1　PLC 控制系统的基本结构

下面介绍 SIMATIC S7-1500 系列 PLC 控制器的主要组成。

1. CPU 模块

CPU 是 PLC 控制器的大脑，包括微处理器和控制接口电路。输入模块采集的外部信号，经过 CPU 的运算和逻辑处理后，通过输出模块传递给执行机构，从而完成自动化控制任务。SIMATIC S7-1500 控制器的 CPU 包含了从 CPU1511、CPU1512 到 CPU1518 等多种不同型号，CPU 的内存空间、计算速度、通信资源和编程资源等性能按照序号由低到高逐渐增强。

SIMATIC S7-1500 CPU 按功能划分主要包括：① 能够实现计算、逻辑处理、定时、通信等基本功能的普通型 CPU，如 CPU1513、CPU1516 等；② CPU 上集成有 I/O，还可实现组态高速计数等功能的紧凑型 CPU，例如 CPU1512C；③ 能够在发生故障时确保控制系统切换到安全模式的故障安全性 CPU，可校验用户程序编码的可靠性，还能保证输入、输出模块以通信模块的故障安全，如 CPU1515F、CPU1516F 等。

SIMATIC S7-1500 CPU 带有多达三个 PROFINET(PN)接口。其中两个端口具有相同的 IP 地址，适用于现场级通信；第三个端口具有独立的 IP 地址，可集成到公司网络中。SIMATIC

S7-1500 的 PN 端口可以连接更多的 I/O 站点，同时具有通信数据大、速度快、站点的更新时间可手动调节等优势，已经逐渐取代 PROFIBUS-DP 接口。此外，PN 口还支持 PLC 与 PLC、PLC 与 HMI 之间的通信，因此 SIMATIC S7-1500 不再支持 MPI 接口。基于工业 4.0 的轴承柔性装配线中，合套装球机中的 PLC 主 CPU 型号为 CPU 1516-3 PN/DP，其主要技术参数如图 5-2 所示。

标准型 CPU	CPU 1516-3 PN/DP	CPU 1517-3 PN/DP	CPU 1518-4 PN/DP	CPU 1518-4 PN/DP MFP*
订货号	6ES7 516-3AN01-0AB0	6ES7 517-3AP00-0AB0	6ES7 518-4AP00-0AB0	6ES7/518-4AX00-1AC0 该订货号包含 MFP CPU、C/C++ 运行授权、OPC UA 授权
组态/编程软件	V15 (FW V2.5) / V13 SP1 Update 4 (FW V1.8) 或更高	V15 (FW V2.5) / V13 Update 3 (FW V1.6) 或更高	V15 (FW V2.5) / V13 (FW V1.5) 或更高	V15 (FW V2.5)
编程语言	LAD, FBD, STL, SCL, GRAPH			LAD, FBD, STL, SCL, GRAPH, C/C++
尺寸 W×H×D (mm)	70 × 147 × 129			175 × 147 × 129
工作温度	0 ... 60 ℃ (水平安装)；0 ... 40 ℃ (垂直安装)			
屏对角线长度 (cm)	6.1			
额定电源电压 (下限-上限)	DC 24 V (DC 19.2 ... 28.8 V)			
典型功耗	7 W			24 W
主机架最大模块数量	32 个；CPU + 31 个模块			
集成的接口数量				
PROFINET 接口, 100Mb/s, 集成 2 端口交换机	X1, 2 × RJ45			
PROFINET 接口, 100Mb/s	X2, 1 × RJ45			
PROFINET 接口, 1000Mb/s	–			X3, 1 × RJ45
PROFIBUS 接口, 最高 12Mb/s	X3, 1 × DB9			X4, 1 × DB9
通信				
扩展通信模块 CM/CP 数量 (DP, PN, 以太网)	最多 8 个			
连接资源数量				
最大连接资源数 (通过 CPU 以及 CP/CM)	256	320		384
为 ES/HMI/Web 预留的连接资源数	10			
通过集成接口的连接资源数	128	160		192
S7 路由连接资源数	16		64	
PROFINET 接口 X1 支持的功能	PROFINET IO 控制器、PROFINET IO 设备、SIMATIC 通信、开放式 IE 通信、Web 服务器、MRP、MRPD			
PROFINET 接口 X2 支持的功能	PROFINET IO 控制器、PROFINET IO 设备、SIMATIC 通信、开放式 IE 通信、Web 服务器。			
PROFINET 接口 X3 支持的功能	SIMATIC 通信、开放式 IE 通信、Web 服务器。			
X1 做为 PROFINET IO 控制器	支持：等时同步、RT、IRT、PROFIenergy、优化化启动。			
• 可连接 I/O 设备的最大数量	256		512	
X1 做为 PROFINET IO 设备	支持：RT、IRT、MRP、PROFIenergy、共享设备。			
• 共享设备的最大 IO 控制器数				
X2 做为 PROFINET IO 控制器	支持：RT、PROFIenergy。			
• 可连接 I/O 设备的最大数量	32		128	
X2 做为 PROFINET IO 设备	支持：RT、PROFIenergy、共享设备。			
• 共享设备的最大 IO 控制器数	4			
CPU 集成的 PROFIBUS 接口	X3, 仅支持主站			X4, 仅支持主站
• 可连接 I/O 设备的最大数量	125			
S7 通信 (服务器/客户端)	X1/X2/X3			X1/X2/X3/X4
开放式 IE 通信 TCP/IP (加密和非加密), ISO-on-TCP (RFC1006), UDP	X1/X2			X1/X2/X3
Web 服务器 (HTTP, HTTPS)	X1/X2			X1/X2/X3
MODBUS TCP (客户端/服务器)	X1/X2			X1/X2/X3
OPC UA DA 服务器 (读、写、订阅), 需运行授权	X1/X2			X1/X2/X3

图 5-2　部分 SIMATIC S7-1500 CPU 的主要技术参数

操作模式即 CPU 的状态，SIMATIC S7-1500 CPU 有下列几种操作模式：

1) 停止模式(STOP)

在该模式下 CPU 不执行用户程序。如果给 CPU 装载程序，在停止模式下 CPU 将检测所有已经配置的模块是否满足启动条件。如果从运行模式切换到停止模式，CPU 将根据输出模块的参数设置，禁用或激活相应的输出。通过 CPU 上的模式开关、显示屏或 TIA 博途软件可切换到停止模式。

2) 运行模式(RUN)

运行模式下，CPU 执行用户程序，更新输入、输出信号，响应中断请求，对故障信息进行处理等。通过 CPU 上的模式开关、显示屏或 TIA 博途软件可切换到停止模式。

3) 启动模式(STARTUP)

与 SIMATIC S7-300/400 相比，SIMATIC S7-1500 的启动模式只有暖启动。暖启动是CPU 从停止模式切换到运行模式的一个中间过程，在这个过程中将清除非保持性存储器的内容，清除过程映像输出，处理启动 OB，更新过程映像输入等。如果启动条件满足，CPU将进入到运行模式。

4) 存储器复位(MRES)

存储器复位用于对 CPU 的数据进行初始化，将 CPU 切换到"初始状态"，即工作存储器中的内容以及数据被删除，只有诊断缓冲区、时间、IP 地址被保留。复位完成后，CPU存储卡中保存的项目数据从装载存储器复制到工作存储器中。只有在 CPU 处于停止模式下才可进行存储器复位操作。

2. 存储器

存储器用来存储系统程序、用户程序和各种数据等信息。存储器由 ROM(EEPROM、FLASH 等)和 RAM 组成。系统程序是由 PLC 厂家写入的、用来控制与执行 PLC 的功能程序，永远存放在 PLC 的 ROM 中，其可以实现系统自检、程序翻译、监控程序等功能。用户程序是使用者根据具体的加工或装配工艺要求编写的设备输入程序，预处理后被存储在RAM 的地址区域。同时，逻辑变量等其他数据信息可存储在 RAM 中的存储单元内。

对于 SIMATIC S7-1500 系列 PLC 的存储器主要分为 CPU 内部集成的存储器和外插的SIMATIC 存储卡。CPU 内部集成的存储器又划分为工作存储器、保持性存储器和其他(系统)存储区三部分。部分 SIMATIC S7-1500 CPU 的存储器技术参数如图 5-3 所示。

(1) 工作存储器，是一种易失性存储器，用于存储和运行相关的用户程序代码和数据块，被集成在 CPU 内部不能进行扩展。工作存储器可分为两个区域：存储与运行相关的程序代码部分，例如 FC、FB 以及 OB 块；数据存储器，存储相关数据，例如 DB 块和工艺对象中与运行相关的部分。

(2) 保持性存储器，可以在发生电源故障或者掉电时保存有限数量的数据。

(3) 其他(系统)存储区包括定时器和计数器、本地临时数据区以及过程映像等。

标准型 CPU	CPU 1516-3 PN/DP	CPU 1517-3 PN/DP	CPU 1518-4 PN/DP	CPU 1518-4 PN/DP MFP
订货号	6ES7 516-3AN01-0AB0	6ES7 517-3AP00-0AB0	6ES7 518-4AP00-0AB0	6ES7518-4AX00-1AC0
存储器				
集成工作存储器（用于程序）	1 MB	2 MB	4 MB	
集成工作存储器（用于数据）	5 MB	8 MB	20 MB	
集成数据存储器用于 ODK 应用		–		50 MB 另 500MB 用于 Linux 应用
集成掉电保持数据区	512 KB	768 KB	768 KB	
通过 PS 扩展掉电保持数据区	5 MB	8 MB	20 MB	
装载存储器（SIMATIC 存储卡）最大		32 G		
CPU 块总计（如 DB, FB, FC, UDT 以及全局常量等）	6000		10000	
DB				
最大容量（编号范围 1...60 999）	5 MB	8 MB	16 MB	
FB				
最大容量（编号范围 0...65 535）		512 KB		
FC				
最大容量（编号范围 0...65 535）		512 KB		
OB				
最大容量		512 KB		
地址区				
I/O 模块最大数量（包括所有模块及子模块）	8192		16384	
I/O 最大地址范围：输入		32 KB，所有输入均在过程映像中		
I/O 最大地址范围：输出		32 KB，所有输出均在过程映像中		

图 5-3　部分 SIMATIC S7-1500 CPU 的存储器技术参数

外插的 SIMATIC 存储卡属于装载存储器，这是一种非易失性存储器，用于储存代码块、数据块、工艺对象和硬件设置等，在 PLC 运行时 CPU 会将装载存储器内部的代码或数据等信息，复制到工作存储器中。

3. 信号模块

信号模块是 CPU 与工业现场控制设备之间的接口，包括输入和输出两种类型。通过输入模块将输入信号传送到 CPU 进行计算和逻辑处理，然后将逻辑结果和控制命令通过输出模块输出以达到控制设备的目的。根据外部信号类型的不同，可将输入模块分为模拟量输入模块和数字量输入模块。与此相同，输出模块也可分为模拟量输出模块和数字量输出模块。

数字量输入功能是标准 PLC 的最基本功能，主要用于连接外部的机械触点或电子数字式传感器，如接近开关、光电开关、按钮开关等。数字量输入模块可将现场的外部数字量信号的电平转换为 PLC 内部电平信号。数字量输入模块根据输入电流的类型可分为直流输入模块(见图 5-4)和交流输入模块(见图 5-5)；根据输入电流的流向可分为漏型输入(信号电流从输入器件流入 PLC)和源型输入(信号电流由 PLC 流出到输出器件)。

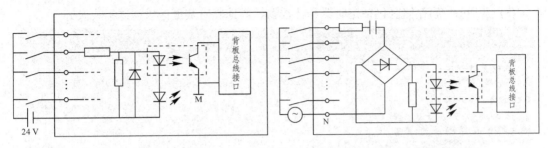

图 5-4　直流输入模块原理(漏型输入)　　　　图 5-5　交流输入模块原理

　　数字量输出模块可发出开关量信号，实现对现场的执行电器，如继电器、接触器和电磁铁等的控制。数字量输出模块主要有继电器输出、可控硅输出和晶体管输出三类。其中，晶体管响应速度最快，可以带直流负载；继电器输出开关频率比晶体管低很多，可以驱动直流或交流负载；可控硅类型只能带交流负载，响应速度在两者之间。图 5-6 所示为 SIMATIC S7-1500 中典型数字量输入模块技术参数。

数字量输入模块	16DI, DC 24V 高性能型	16DI, DC 24V 基本型	16DI, AC 230V 基本型
订货号	6ES7521-1BH00-0AB0	6ES7521-1BH10-0AA0	6ES7521-1FH00-0AA0
数字量输入			
• 输入通道数	16	16	16
• 输入特性曲线	IEC 61131，类型 3	IEC 61131，类型 3	IEC 61131，类型 1
• 输入类型	漏型输入	漏型输入	漏型输入
• 计数器通道数，最多	2	—	—
• 计数频率，最高	1 kHz	—	—
• 输入额定电压	DC 24V	DC 24V	AC 230V
等时模式	✓	—	—
电缆长度			
• 屏蔽电缆长度，最长	1,000 m	1,000 m	1,000 m
• 未屏蔽电缆长度，最长	600 m	600 m	600 m
是否包含前连接器	否	是	否
中断 / 诊断			
• 硬件中断	✓	—	—
• 诊断中断	✓	—	—
• 诊断功能	✓；通道级	—	✓；模块级
电气隔离			
• 通道之间	—	—	—
• 通道之间，每组个数	16	16	4
• 通道和背板总线之间	✓	✓	✓
• 通道与电子元件的电源之间	—	—	—
模块宽度 /mm	35	25	35

图 5-6　SIMATIC S7-1500 中典型数字量输入模块技术参数

　　模拟量输入模块主要用于采集工作现场的模拟电流和电压信号。SIMATIC S7-1500 模拟量输入模块的分辨率都是 16 位(15 位+1 符号位)，单极性输入信号时对应的测量范围为 0～27 648，双极性输入信号时对应的测量范围为 −27 648～27 648，超出测量范围上溢值为 32 767，下溢值为 −32 768。另外，SIMATIC S7-1500 模拟量输入模块可使用不同序号的端子连接不同类型的传感器，不需要量程卡进行模块内部的跳线，只需要在 TIA 博途软件中进行配置。图 5-7 所示为 SIMATIC S7-1500 中典型模拟量输入模块技术参数。

模拟量输入模块	4AI, U/I/RTD/TC 标准型	8AI, U/I/RTD/TC 标准型
订货号	6ES7534-7QE00-0AB0	6ES7531-7KF00-0AB0
模拟量输入		
• 输入通道数	4（用作电阻/热电阻测量时 2 通道）	8（用作电阻/热电阻测量时 4 通道）
• 输入信号类型	电流，电压，热电阻，热电偶，电阻	电流，电压，热电阻，热电偶，电阻
• 分辨率（包括符号位）最高	16 位	16 位
• 转换时间（每通道）	9/23/27/107 ms	9/23/27/107 ms
等时模式	−	−
屏蔽电缆长度，最长	U/I 800 m; R/RTD 200 m; TC 50 m	U/I 800 m; R/RTD 200 m; TC 50m
是否包含前连接器	是	否
中断/诊断		
• 限制中断	✓	✓
• 诊断中断	✓	✓
• 诊断功能	✓；通道级	✓；通道级
电气隔离		
• 通道之间	−	−
• 通道之间，每组个数	4	8
• 通道和背板总线之间	✓	✓
• 通道与电子元件的电源之间	✓	✓
模块宽度/mm	25	35

图 5-7　SIMATIC S7-1500 中典型模拟量输入模块技术参数

　　模拟量输出模块输出电压或电流信息，控制变频器、比例阀和比例电磁铁等外部设备。模拟量输出模块同样为 16 位高分辨率模块，输出模式可以在电压和电流中选择，相同的端子连接不同类型的传感器，只需要在 TIA 博途软件中进行配置。

4. 通信接口模块

　　CPU 模块通过通信接口模块可以与上位工控机、其他 PLC 或者触摸屏等相对独立的站点连成网络并建立通信关系。在每一个 SIMATIC S7-1500 的 CPU 模块上都集成有 PN 接口 (PROFINET)，可以进行主站间、主从以及编程调试的通信。SIMATIC S7-1500 系统的通信模块分为三大类，分别为点对点通信模块、PROFIBUS 通信模块和 PROFINET/ETHERNET 通信模块，如图 5-8 所示。

通讯模块	S7-1500 - PROFIBUS CM 1542-5	S7-1500 - PROFIBUS CP1542-5	S7-1500 - Ethernet CP 1543-1	S7-1500 - PROFINET CM 1542-1
	6GK7542-5DX00-0XE0	6GK7542-5FX00-0XE0	6GK7543-1AX00-0XE0	6GK7542-1AX00-0XE0
连接接口	RS485(母头)	RS485(母头)	RJ45	RJ45
接口数量	1	1	1	2
通信协议	DPV1 主/从 S7 通信 P G/OP 通信		开放式通信 - ISO 传输 - TCP、ISO-on-TCP、UDP - 基于 UDP 连接组播 S7 通信 IT 功能 - FTP - SMTP - Webserver - NTP -SNMP (详情参考手册)	PROFINET IO - RT - IRT - MRP - 设备更换无需可换存储介质 - IO 控制器 等时实时 开放式通信 - ISO 传输 - TCP、ISO-on-TCP、UDP - 基于 UDP 连接组播 S7 通信 其它如 NTP、SNMP 代理、WebServer (详情参考手册)
通信速率	9.6Kb/s　12 Mb/s	9.6Kb/s　12 Mb/s	10/100/1000 Mb/s	10/100 Mb/s
最多连接从站数量	125	32	—	128
VPN	否	否	是	否
防火墙功能	否		否	是
模块宽度/ mm	35	35	35	35

图 5-8　SIMATIC S7-1500 的典型通信模块

点对点通信模块也就是串口模块，有多种不同的型号，支持不同的接口，如 CM PtP RS-232 BA 和 CM PtP RS-485/422 BA 模块分别支持 RS-232 和 RS-422/485 接口，可以支持 Freeport 协议、3964(R)等。

PROFIBUS 通信模块如 CP 1542-5、CM 1542-5 等支持 RS-485 接口，数据传输速率为 9600 b/s~12 Mb/s，支持的协议与点对点通信模块不同，支持 DPV1 主站/从站、S7 通信、PG/OP 通信，且可连接 DP 从站的个数有 32、125 个两种类型。

PROFINET/ETHERNET 通信模块如 CP 1543-1、CM 1542-1 等的接口为 RJ-45，其支持的协议较多，如：TCP/IP 协议、ISO、UDP、MODBUS TCP、S7 通信等协议。

5. 功能扩展模块

PLC 的功能扩展模块，用于扩展 I/O 点数、功能模块等，主要包括高速计数器模块、定位控制模块、PID 模块、温度模块、中断控制模块等。这些模块通常有自己的 CPU，为了简化复杂的过程控制，信号可以前置或后置处理。如轴承柔性装配系统中使用到的高速计数器模块的主要参数，如表 5-1 所示。

表 5-1　高速计数器模块功能举例

高速计数模块	TM Count 2×24 V	TM PosInput 2
支持的编码器	增量型编码器，24 V 非对称，带/不带方向信号的脉冲编码，上升沿/下降沿脉冲编码器	RS-422 增量型编码器(5 V 差分信号)，带/不带方向信号的脉冲编码器，上升沿/下降沿脉冲编码器，绝对值编码器(SSI)
最大计数频率	200 kHz，四倍频计数方式时最大 800 kHz	1MHz，四倍频计数方式时最大 4 MHz
数字量输入(DI)	每个计数器通道 3 点 DI，启动、停止、捕获、同步等功能	每个计数器通道 2 点 DI，启动、停止、捕获、同步等功能
数字量输出(DO)	2 点 DO，用于比较器和限值	
计数功能	比较器，可调整的计数范围，增量式位置检测	比较器，可调整的计数范围，增量式和绝对式位置检测
测量功能	频率、周期、速度	
诊断中断	√	
硬件中断	√	
支持等时同步模式	√	

　　许多控制系统的响应时间都需要相对的精确性和确定性。如基于时间的 I/O 模块，按照工艺要求，将检测到的一个输入信号作为触发条件，要求经过 20 ms 后触发输出。这个过程包括 CPU 程序处理时间、总线周期时间(现场总线、背板总线)、I/O 模块的周期时间以及传感器/执行器的内部周期时间。但是由于各个循环周期的不确定性，很难保证时间的准确性。使用基于时间的 I/O 模块可以很好地解决这个问题。

6. 显示屏

SIMATIC S7-1500 CPU 上配置有一个显示屏，当 PLC 的故障指示灯亮起时，现场调试和维护工程师可以通过显示屏查看详细信息，进而快速将故障信息定位。

7. 电源模块

SIMATIC S7-1500 PLC 的电源模块可将外部供给的电源转变成系统内部各单元所需的

电源。电源模块主要分为负载电源 PM 和系统电源两部分。

负载电源 PM 通常是 AC 120/230 V 输入，DC 24 V 输出，通过外部接线为 PLC 模块 (CPU、I/O、CP 等)、传感器和执行器提供 DC 24 V 工作电源。负载电源 PM 不能通过背板总线向 SIMATIC S7-1500 PLC 以及分布式 I/O ET200MP 供电，因此不可以在 TIA 博途软件中进行配置。系统电源用于系统供电，通过背板总线向 SIMATIC S7-1500 PLC 及分布式 I/O ET200MP 供电，所以必须在 TIA 博途软件中进行配置。

8. TIA 博途全集成自动化

TIA 博途即全集成自动化(Totally Integrated Automation Portal)，是西门子工业自动化集团发布的一款全新的全集成自动化软件。它是业内首个采用统一的工程组态和软件项目环境的自动化软件，几乎适用于所有自动化任务。TIA 博途软件为集成自动化的实现提供了一种直观、高效和可靠的工程框架和平台，借助该全新的工程技术软件平台，用户能够快速、直观地开发和调试自动化系统。

用户不仅可以将组态和程序编辑应用于通用控制器，也可应用于具有 Safety 功能的安全控制器，另外还可将组态应用于可视化的 WinCC 等人机界面操作系统和 SCADA 系统。通过在 TIA 博途软件中集成应用于驱动装置的 StartDrive 软件，可以对 SINAMICS 系列驱动产品配置和调试。TIA 博途可以对西门子全集成自动化中所涉及的所有自动化和驱动产品进行组态、编程和调试，可在同一开发环境中组态西门子的所有可编程控制器、人机界面和驱动装置。在控制器、驱动装置和人机界面之间建立通信时的共享任务，可大大降低连接和组态成本。例如，用户可方便地将变量从可编程控制器拖放到人机界面设备的画面中。然后在人机界面内即时分配变量，并在后台自动建立控制器与人机界面的连接，无需手动组态。

图 5-9 所示为 TIA 博途软件一览。TIA 博途软件包括 TIA 博途 STEP7、TIA 博途 WinCC、TIA 博途 Startdrvie、TIA 博途 SCOUT 以及 SIMOCODE。TIA 博途 STEP7 是用于组态 SIMATIC S7-1200、SIMATIC S7-1500、SIMATIC S7-300/400 和 WinAC 控制器系列的组态软件。TIA 博途 WinCC 是用于 SIMATIC 面板、WinCC Runtime 高级版或 SCADA 系统 WinCC Runtime 专业版的可视化组态软件，在 TIA 博途 WinCC 中还可组态 SIMATIC 工业 PC 以及标准 PC 等 PC 站系统。例如，用于 SIMATIC 控制器的新型 SIMATIC STEP 7 V13 自动化软件以及用于 SIMATIC 人机界面(人机界面)和过程可视化应用的 SIMATIC WinCC V13。其架构如图 5-10 所示。

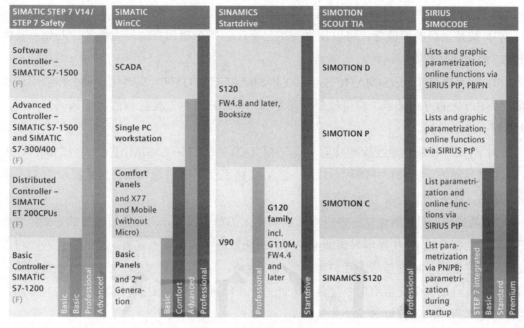

图 5-9　TIA 博途软件一览

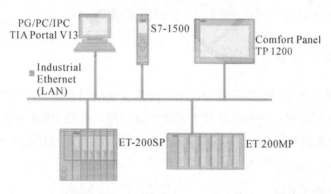

图 5-10　TIA 博途 STEP 7 组态架构

　　TIA 博途软件可实现数据共享，具有相同的数据库和平台；各个设备之间也可实现数据共享，不需用户做任何额外工作。TIA 博途软件以一致的数据管理、统一的工业通信、集成的工业信息安全和功能安全为基础，贯穿项目规划和工程研发整个过程，提高了生产的灵活性，也提升了项目信息的安全性。TIA 博途软件的特点如下：

　　(1) 使用统一操作概念的集成工程组态，使得过程自动化和过程可视化"齐头并进"。

　　(2) 通过功能强大的编辑器和通用符号，实现一致的集中数据管理。变量创建完毕后，在所有编辑器中都可以调用。变量的内容在更改或纠正后将自动更新到整个项目中。

(3) 拥有全新的库概念。可以反复使用已存在的指令及项目的所有组件,避免重复性开发,缩短项目开发周期。

(4) 拥有轨迹 Trace(SIMATIC S7-1200 和 SIMATIC S7-1500)。实时记录整个扫描周期数据,以图形化的方式显示,并可以保存和复制,帮助用户快速定位问题,提高调试效率,从而减少停机时间。

(5) 可系统诊断。系统诊断功能集成在 SIMATIC S7-1500、SIMATIC S7-1200 等 CPU 中,不需要额外资源和程序编程,以统一的方式将系统诊断信息和报警信息显示于 TIA 博途、HMI、Web 浏览器或 CPU 显示屏中。

(6) 易操作。TIA 博途软件中提供了很多优化的功能机制,例如通过拖放的方式,可将变量添加到指令或 HMI 显示界面或库中等。在变量表中点击变量名称,通过下拉功能可以按地址顺序批量生成变量等。用户可以创建变量组,以便于对控制对象进行快速监控和访问。用户也可以自定义常用指令收藏夹。此外,可给程序中每条指令或输入/输出对象添加注释,提高程序的易读性等。

(7) 集成信息安全。通过程序专有技术保护、程序与 SMC 卡或 PLC 绑定等安全手段,可以有效地保护用户的投资和知识产权,更加安全地使用 PLC。

5.1.2　柔性装配系统中的识别技术

自动识别技术能够实现数据的自动采集、信息的自动识别,并将获得的数据信息传输至计算机,使其能够及时、准确地处理大量的数据信息。自动识别技术将物理世界与信息世界相融合,是物联网和工业 4.0 的重要基础。轴承柔性装配系统中就是利用 RFID 技术实现对轴承零部件物流的识别和管理的。

1. RFID 识别技术概论

当前常用的自动识别技术主要有磁卡识别技术、IC 卡识别技术、条形码识别技术和 RFID 射频识别技术等。

磁卡识别技术,磁卡存储信息是利用磁条上的磁性材料在不同的磁场作用下会呈现出的不同磁性特征实现的。磁卡识别技术广泛应用于银行卡、信用卡、会员卡、公交卡和机票等场所,其优势在于成本低、技术成熟,但数据存储量小、易损坏、安全性低。

IC(Integrated Circuit Card)卡识别技术,IC 卡即集成电路卡。IC 卡与磁卡在外观上极为相似，但是 IC 卡是通过嵌入卡中集成电路芯片来存储信息。与磁卡相比，IC 卡的价格较高，但其数据存储大、安全保密性好，且具有数据处理能力、使用寿命长等优点。

条形码识别技术，目前主要包括一维码(条形码)和二维码。条形码是利用宽度不等的多个黑条、空白或者数字按照一定的规则排列，不同的规则形成不同的图案符号，条形码阅读器可对图案进行识别，解析为二进制数和十进制数。一维码只能从一个方向(一般为水平)表达信息，二维码可以从水平和垂直两个方向表达信息。条形码识别技术数据存储量小、易磨损且为一次性使用，但其使用简单、便捷，被广泛应用于商品等需求量大且数据不需要更新的场合。

RFID(Radio Frequency Identification)射频识别技术，是一种非接触式的自动识别技术，通过射频信号、空间耦合(电感或电磁耦合)传输特性，自动识别目标对象并获得相关数据，无需在识别系统与特定目标之间建立直接接触。该技术始于二战后，却兴起于 20 世纪 90 年代。RFID 源于雷达技术，其工作原理和雷达极为相似。

一个简单的 RFID 射频识别系统，由计算机网络系统、读写器、射频标签组成，如图 5-11 所示。与其他自动识别技术相比，RFID 射频识别技术是一种非接触式技术，能够在无人干预的情况下完成自动识别。RFID 穿透性强，抗干扰能力强，采用无线电射频，可以绕开障碍物，并透过外部材料读取数据，可工作于恶劣的环境中；RFID 能够快速、精确地识别物体，且可同时对多个物体进行识别；RFID 的数据存储量大，是条形码存储信息量的几十倍，甚至上百倍，且可进行加密保存；RFID 射频识别设备可多次重复使用，使用寿命长。

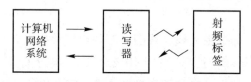

图 5-11 RFID 射频识别系统的基本组成

当前，RFID 射频识别技术的主要研究和应用方向围绕技术标准化、设备成本、关键技术和系统应用四个方向展开。其中 RFID 技术标准化是指标签和读写器的协议标准化，实现 RFID 系统的互联和兼容。目前主流的 RFID 技术标准有欧美的 EPC 标准、日本的 UID(Ubiquitous ID)标准和 ISO 18000 系列标准。RFID 系统的关键技术研究主要集中在频率选择、天线技术、低功耗技术、封装技术、定位与跟踪、防碰撞与安全技术等上。系统应用是将 RIFD 技术应用于门禁系统、身份识别、汽车收费、图书管理、物流、供应链、生产制造等领域。

如图 5-12 所示，一个完整的 RFID 射频识别系统由电子标签、读写器和计算机网络系统(数据库)组成。读写器通过发射天线，向外发射设定数据的无线电载波信号，周围形成电磁场；当电子标签进入磁场后被激活，电子标签的调制器将自身的信息代码编码后经天线发射给读写器；读写器对收到的标签载波信号进行解码，将其转换成相关数据，并送至控制计算机；控制计算机就可以根据这些数据进行逻辑运算判断该射频标签的合法性，并针对不同的设定做出相应的处理和控制，并发出指令信号控制执行机构动作。通过计算机网络可以将各个设备联系起来，构成总控信息平台，再根据不同的项目设计不同的软件来完成要达到的功能。

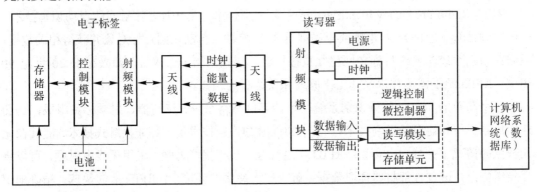

图 5-12 RFID 系统的基本组成及工作原理

可以看到，电子标签和读写系统在 RFID 中发挥了重要作用。下面对这二者进行具体说明。

(1) 电子标签。电子标签由天线、线圈、芯片电路等构成。每个电子标签具有唯一的电子产品代码(EPC)，可附着于被标识的物体或对象上。电子标签具有存储空间，可存储被标识的对象信息，电子标签存储空间的信息被读出或写入修改。电子标签的分类方法很多，按照不同的分类方式有以下几种常见类型：

① 按供电方式分为有源标签和无源标签。有源标签内置供电电池，通信距离较远，但是使用寿命取决于电池的供电时间，整个标签体积大、价格相对较高，适用于对价格昂贵物品远距离检测等场合；无源标签不带电池，其所需能量由读写器所产生的电磁波提供，价格相对便宜，相应的其工作距离较近，一般用于低端 RFID 系统。

② 根据标签的读写功能可分为只读标签、一次写入多次读标签和可读写标签。只读标签在出厂时内部的数据信息已被写入，包含的信息较少，数据或信息只能被读出不可更改；一次写入多次读标签，可被用户一次性写入数据，写入后的数据只能读，而不可被更改；

可读写标签内部的信息可被读写器读取、更改或重写。

③ 按调制方式可分为主动式标签和被动式标签。主动式标签通过自身的射频能量主动发送数据给读写器，带有独立电源，可用于通信距离较远或有障碍物的情况；被动式标签只能利用读写器的载波调制自己的信号，被动地发射数据，工作距离较短，适用于门禁或交通系统。

④ 根据载波频率可分为低频标签、中频标签和高频标签。低频标签的频率主要有 125 kHz 和 134.2 kHz 两种，低频标签主要用于校园卡、动物监管等短距离、低成本的应用中；中频标签频率主要为 13.56 MHz，中频标签主要用于门禁系统和需要传输大量数据的场合；高频标签频率主要为 433 MHz、915 MHz、2.45 GHz 和 5.8 GHz，高频标签主要用于火车监控、高速公路收费系统等需要较长读写距离与高速识别的场合。

⑤ 依据封装形式可分为信用卡标签、纸状标签、圆形标签、线形标签以及特殊用途的异形标签等。

(2) 读写器。读写器负责连接标签与计算机网络系统，与标签双向通信，可单独完成读取或擦除标签数据和信息、显示与数据处理等功能，也可按照计算机网络系统的指令完成对射频标签的相关操作。

读写器(也称为阅读器)一般由天线、射频接口模块和逻辑控制模块三部分组成。天线用于将读写器中的电信号转换成载波信号发送给电子标签，或接收来自电子标签的射频载波信号，并将其转换成电信号。天线有内置天线和外置天线两种方式。射频接口模块是射频信号传输到天线前的模块，主要负责调制信号、解调及放大标签发送过来的信号。逻辑控制模块是整个读写器的"大脑"，可完成对电子标签的身份验证和通信，对读写器与电子标签之间通信信号的编解码以及数据的加解密等。读写器与上位机通信接口多为 RS-232 或 RS-485，有时也采用以太网接口和 WLAN 无线接口。

2. RFID 在制造业中的应用

随着制造业自动化程度的进一步提高，生产线的集中控制程度也越来越密集。若生产线采用人工方式实现产品信息的统计，不仅会耗费大量的人工成本，往往还会造成种种误差，影响企业的生产高效和准确性。RFID 技术应用在机械加工装配生产领域，极大地提高了生产过程的自动控制程度和自动监视能力以及生产率，也改进了生产方式，大大节约了成本。RFID 射频识别技术在制造业中的应用越来越广泛，尤其是在制造信息管理、产品跟踪和追溯、工厂资产管理、仓储量的可视化等方面正发挥着巨大作用。具体来说，RFID 技术在制造业中的应用主要有以下几个方面：

(1) 设备管理。不仅包括机床等生产加工设备的管理，还包括参与制造过程的辅助设备(刀具、夹具、量具等)的管理。利用 RFID 技术记录设备所在位置、当前性能、存储量等信息，有效规划设备的使用和维护，保证设备全生命周期的高效管理，同时可最大化地提高设备利用率、减少停工待料的时间，提高生产效率，降低制造成本。

(2) 产品跟踪。利用 RFID 技术可对产品从供应链、仓储、物流、制造到售后等各个环节的数据进行自动采集，实现产品的全面监控，建立完整的质量追踪体系，减少制造过程人工干预过多造成的错误。

(3) 生产过程的实时监控。在生产线的每一台加工设备或每一道工序上都安装 RFID 读写设备，在待加工的物料或产品上放置可反复读写的 RFID 电子标签，即对每一个在制品进行标识。当产品通过安装有 RFID 读写设备的节点时，可以获取每一个工位的详细加工时间，同时可读取到产品上电子标签内的信息。这些数据信息经过中间件的处理后，实时发送至制造信息系统。管理者可实时了解到整个生产线的生产状况，并根据生产状况进行实时控制、修改甚至重组生产过程，以保证生产的可靠性和高质量。

(4) 仓储和物流的优化。利用 RFID 技术可将每件货物在仓库中的存储位置和入库时间等信息写入电子标签，并上传至后台系统数据库中，以便查看每一个产品的实时位置和其他信息，进而可以对产品存储以及物流进行优化，也可以利用 RFID 手持设备对仓储和物流资料进行核对。同时，RFID 技术可以对仓库内货物的运输、移库移位、出库等各个环节的信息进行自动采集，确保企业能够准确掌握仓库管理各个环节的数据，合理保持和控制企业库存，实现仓储和物流数据的全方位和全程可视化，更加增强制造业的信息管理能力。

(5) 质量追溯。在制造过程中，通过对现场采集到的加工信息、数据与数据库内的标准数据的比对，就可以及时发现制造过程的错误并将警告信息发送给制造现场，实现在制品和零部件信息的快速准确追溯。另外，RFID 射频识别技术能将制造系统中的产品标识符、物理属性、生产时间、订货号、批次及生产车间等信息经过编码处理，发送至供应链，可以帮助制造商进行跟踪和追溯产品的历史信息。尤其是在食品和饮料行业，能够准确控制产品的质量。

(6) 实时数据共享。RFID 技术与现有的制造信息系统 MES、ERP 等结合，可以建立更为强大的信息链，实现仓储、物流、加工生产线等各个环节的数据实时共享。

一个典型的用于制造过程管理的 RFID 中央控制系统如图 5-13 所示。图中加工原料沿着工作站 1→工作站 2.1 或 2.2→工作站 3→工作站 4→仓库的路径流动。

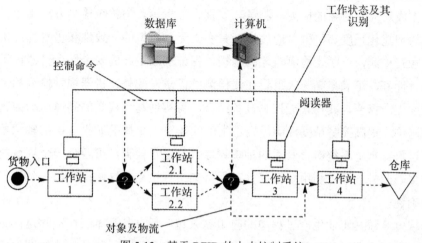

图 5-13　基于 RFID 的中央控制系统

　　计算机系统根据 RFID 电子标签数据信息，可获取产品的特征信息(产品信息、时间信息等)及生产线当前的加工状态，并将这些信息、状态与数据库内存储的标准信息作对比，判断当前的加工生产是否符合要求，实时监控整个生产制造过程，根据对比结果发送相关的控制指令(如加工路径选择等)传达给执行机构，从而改善加工的自动化水平。当待加工工件完成一个工序的操作后，读写器将根据计算机系统的指令，动态修改 RFID 电子标签内部的信息，为下一工序做好准备。

　　由此可见，RFID 技术可以大幅提高传统制造过程的智能化和信息化水平，大幅提高制造过程的生产效率。RFID 在工业 4.0 及智能制造中得到了越来越广泛的实际应用。

5.1.3　柔性装配系统中的机器视觉检测

　　在工业生产过程中，对零件或产品等的识别和检测，很多时候还是通过一些常规的检测工具如显微镜、模版套、卡尺、三角规等进行检验，这需要耗费大量的人力，且检测效率低下，同时还会增加不可靠因素，影响零件的质量。生产过程中有许多工序不但要做简单的外观检测，还要识别零件型号或位姿，精确地测量零件尺寸以便后续的加工和装配，如螺丝的螺纹宽度、离合器主板的齿槽间距、发动机的活塞直径和缸体直径等，这些工作一些常规的工具也很难快速准确完成。此外，还有一些危险环境，不适宜操作人员进行检测。

1. 机器视觉概述

　　机器视觉通过光学检测装置，以非接触的方式提取所需信息，并进行处理分析加以理解，最终完成对实际对象的检测、测量、识别、分析等。与传统检测方法相比，机器视觉检测系统的智能化程度高，检测速度快，具有人无法比拟的一致性和重复性；机器视觉检测是非接触式检测，可防止检测对象的磨损，保证产品生产的安全性；机器视觉检测准确率高、实时性好，可满足高速大批量在线检测的需求。此外，机器视觉检测的灵活性高，可根据实际生产需要与其他智能控制设备结合，可实现基于视觉的高速运动控制、视觉伺服、精确定位，提高控制精度，满足先进生产的需要。在基于工业 4.0 的轴承柔性装配系统中，通过机器视觉系统对合套后的轴承钢球数量进行检查，可避免一个轴承内钢球数量过少或过多。此外，还可利用机器视觉对保持架进行检测。这些措施都有效地保证了轴承装配的准确性。

　　机器视觉系统在工业生产过程中的应用越来越广泛，其基本工作流程是：首先通过机器识别系统的图像摄取装置(如 CMOS、CCD 等)将被摄取目标物体转换成图像信号，然后传送给特定的图像处理系统，根据像素的分布、亮度和颜色等信息，转变成数字信号；图像系统软件对这些数字信号进行相应运算，抽取目标特征进行识别和测量，进而根据图像处理结果进行检测和对现场设备进行控制。尽管机器视觉系统的具体应用需求千差万别，视觉系统本身也可能有多种不同的形式，但是一个典型的机器视觉系统一般包括光源、光学成像系统、图像采集模块、智能图像处理与决策模块、显示模块和控制执行模块等，如图 5-14 所示为机器视觉检测系统的典型构成。

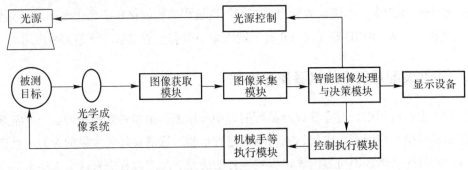

图 5-14　机器视觉检测系统的典型构成

　　下面对机器视觉检测系统的主要部分进行简要说明。

　　(1) 光源。在实际的工业生产过程中，各个物体表面的纹理、明暗度、反光性等不一，而自然光不可调，因此不可能满足所有物体所需的光照条件，所以需要根据工作现场的实际情况选择相应的光源及照明方案，为机器视觉检测系统提供适当的光照强度，提高图像的拍摄质量，以便增加图片的对比度，使待测物体的特征参量更加突出，能够更加快速、更加准确地完成检测工作。

　　LED 光源因其具有寿命长、功耗低及可控性强等优点而被广泛使用。另外,为防止 LED 照射到零件表面引起的反光影响图像质量,可采用加反射灯罩等方式,将光源照射到灯罩以降低光线强度,使其更加柔和、均匀,降低光源的影响。图 5-15 所示为机器视觉检测系统中常见光源类型。

环形光源　　　　　　　　点光源　　　　　　　　面光源

条形光源　　　　　　　球积分光源　　　　　　组合光源

图 5-15　机器视觉检测系统中常见光源类型

　　(2) 光学成像系统。光学成像系统实际上主要是指镜头通过光学器件,实现光路控制、光学聚焦(或放大功能),并将光信号聚焦到成像平面上。视场角和焦距是光学成像系统在选择时最重要的技术参数,视场角是整个系统能够观察到物体的尺寸范围,进一步可分为水平视场和垂直视场。焦距是光学系统中衡量光的聚集或发散的度量,指从透镜中心到光聚集交点的距离,也是相机中从镜片中心到底片或 CCD 等成像平面的距离。另外,滤光镜、放大倍数、目标高度等也是光学成像系统必须考虑的部分。

　　(3) 图像采集模块。图像采集模块的主要功能是将成像系统获取的模拟图像信号转换为数字图像信号,并将图像直接传送至计算机图像处理模块进行处理,或者是将数字摄像机获得的数字图像传送至图像处理模块。目前大多数的图像采集模块由专门的视频解码芯片和现场可编程逻辑门阵列 FPGA 完成。

　　(4) 智能图像处理模块。智能图像处理模块是机器视觉系统的核心,对图像进行具体的处理和运算。它不仅控制着整个系统的各个模块,而且还对图像进行分析和处理。智能图像处理模块的控制器多为 PC 机或嵌入式计算机,随着电子技术、计算机技术以及集成电路技术的发展,出现了许多专门的图像辅助处理器,如专用集成芯片(ASIC)、数字信号处理器(DSP)、FPGA 等硬件处理器,它们可以辅助计算机完成一些图像处理算法,减轻计算机的运算负担，提高机器视觉系统的工作效率。

2. 智能制造中的机器视觉检测技术

图 5-16 所示为智能制造装备中的机器视觉检测技术体系结构，该技术体系由视觉成像、自动图像获取、图像预处理、图像识别与检测、视觉伺服与优化控制等部分组成。

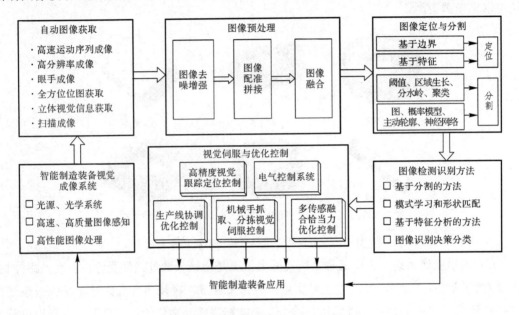

图 5-16　机器视觉检测技术体系结构

智能制造装备根据视觉检测识别结果，可实现定位、抓取、分拣、组装、灌装、装配等作业。简单作业，如生产线上不合格产品的剔出，通过开环控制即可完成。然而随着作业复杂、精细程度和环境不确定性的增加，只有将视觉伺服运动控制方法与机器人、精密运动控制技术等相结合，才能提高作业精度和自动化、智能化的程度。基于机器人的视觉伺服控制原理如图 5-17 所示，基于视觉检测和控制技术的智能制造原理如图 5-18 所示。

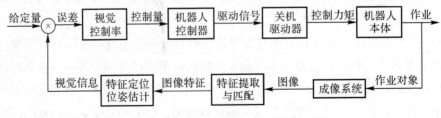

图 5-17　基于机器人的视觉伺服控制原理

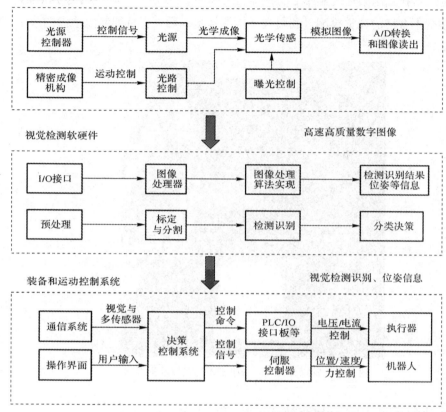

图 5-18　基于视觉检测和控制技术的智能制造原理

在实际生产中，"模版匹配法"机器视觉检测经常被应用于零件表面的缺陷检测，或者对一块面板上的零部件进行检测，观察各类零部件是否存在，以及它们的安装位置是否正确。例如通过检查电路板芯片安装位置来判断电路板的制作和芯片安装是否合格，药品包装中检测有无药片漏装等。其基本流程如图 5-19 所示。

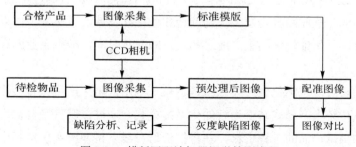

图 5-19　模版匹配法机器视觉检测流程

　　机器视觉技术在轴承柔性装配线上的具体应用如图 5-20 所示,利用西门子 MV440 来实现保持架装配不合格的视觉检测。利用视觉检测技术以后,保持架装配检测的效率及准确率大大提高。

图 5-20　轴承柔性装配线中机器视觉技术应用

5.1.4　柔性装配系统中的云制造技术

　　传统的制造业模式一般是生产厂商将产品生产出来,用户按照自己的需求进行采购,这就导致生产厂商很难及时满足用户的多样化需求。随着互联网信息通信技术和网络空间虚拟系统的不断发展,制造业不断向着智能化的方向转型,这也是工业 4.0 的一个重要目标。云制造定制化生产技术是把互联网作为工具和新思维,在原有制造产业生态的基础上,进一步深化制造业与互联网融合发展,是制造业可持续发展的新引擎,可以在满足用户个性化需求的同时,又保证较低的生产成本和较短的交货时间,减少企业库存,适应市场灵敏度高的要求。

　　轴承产品的云智能定制化生产技术就是建立一个用户与生产厂家直接沟通的平台,实现轴承制造业从传统生产模式转变为智能化生产模式。通过该服务平台,用户只需要上传自己需要定制的轴承产品的工程资料,获得报价后在线支付即可实现定制生产,平台将用户订单直接推送到工厂的 ERP 系统中转化为生产订单。

　　面向用户的轴承在线定制系统包括四个模块：用户中心模块、在线定制模块、在线下单模块和订单管理模块，图 5-21 所示为云制造定制系统的结构示意图。下面对这四个模块的功能分别作以介绍。

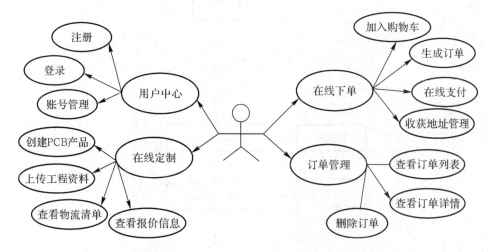

图 5-21　云制造定制系统的结构示意图

　　(1) 用户可通过用户中心模块，完成注册、登录、用户个人信息的管理、用户收货地址的管理、网上在线支付的种类选择、绑定银行卡等。

　　(2) 用户通过在线定制模块发布定制需求，上传定制轴承数量、交接时间、轴承型号、轴承类型以及轴承使用工况信息等详细信息，创建轴承定制订单。

　　轴承使用工况信息是指轴承的详细参数和使用要求：轴承内径尺寸、轴承外径尺寸、轴承厚度、轴承所受载荷(径向、轴向)、轴承额定转速、轴承用途(普通、高速、耐热、防尘、重载等)、轴承材质要求(包括保持架、钢球及密封盖的材质)、精度等级等，有必要的话可上传具体的设计图纸。

　　(3) 用户通过在线下单模块获得订单的具体报价及优惠信息，并确认订单，完成下单和在线支付。轴承产品的云智能定制化系统将用户的订单推送至制造工厂的 ERP 系统中，转化为生产订单，工厂的柔性制造系统将根据生产订单制定生产任务，并安排不同的生产线完成不同的制造任务。

　　(4) 订单管理为用户提供一个可以查看已完成订单，实时跟踪现有订单动向的功能；可以查看已完成的订单，正在进行的订单，厂家产品的生产与测试情况，以及对物流的跟踪、服务评价等。

　　图 5-22 所示为轴承的云智能定制化系统工作流程图。该系统将用户与工厂联系起来，可实现轴承产品的在线定制，减少企业库存和用户选择时间，提高工作效率。

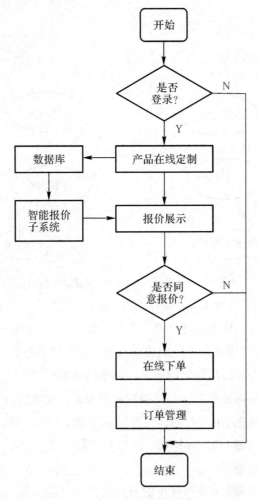

图 5-22　轴承的云智能定制化系统工作流程

5.2　轴承柔性装配生产管理技术

在轴承柔性装配系统中，PLC 控制、机器视觉等控制系统的功能主要在于硬件控制，例如对各工作站的控制、检测系统控制等，而接下来要说明的生产管理系统的功能则主要体现在软件方面，包括物料管理和制造执行系统两部分。物料管理系统完成物料清单、工艺和流程单的管理，制造执行系统负责生产过程监控与控制、生产数据采集以及物料追踪等。

5.2.1　轴承柔性装配生产管理系统概述

轴承柔性装配的生产管理系统主要由物料管理和制造执行系统两部分组成。

1. 物料管理

轴承柔性装配生产线所涉及的物料主要是轴承装配所需的内外圈、钢珠等，物料管理主要包括三个方面，生产计划、生产管理和生产报表。

生产计划，即处理用户订单、核算、结合 BOM 清单和工艺流程自动生成原材料采购单和生产工单；生产管理，即处理生产任务，对生产工单进行排产，并进行工位分配和数据采集；生产报表，即对生产过程的查询与分析，具体包括生产良率和产量不良报表，计划达成率，工位的实时监控等。

2. 制造执行系统

制造执行系统(Manufacturing Execution System，MES)，能够帮助企业实现生产计划管理、生产过程控制、产品质量管理、车间库存管理、项目看板管理等，提高企业制造执行能力。对于轴承柔性装配生产线而言，制造执行系统主要包括三个方面内容：

(1) 生产过程监控与控制：可以动态实时地查看各个任务的所有工序任务的计划及实际进度完成情况。系统提供多种方式来监控进度计划和完成情况，也可监控所有设备类型及各个设备的波动率、负荷率，也能以柱状图、折线图等形式查看设备负荷的平衡性和负荷率的变化趋势。根据生产工艺控制生产过程，防止生产过程中的跳站、漏站、错站等问题的发生。

(2) 数据采集：主要采集两种类型的数据，一种是基于自动识别技术的数据采集，主要应用于离散行业的装配数据采集；另一类是基于设备的仪表数据采集，主要应用于自动控制设备和加工物料信息采集。

(3) 物料追踪：可根据批次物料的质量缺陷，追踪到所有使用了该批次物料的成品，也支持从成品到原料的逆向追踪；可以追溯某产品的工艺数据、出现废品的类型、加工机床的编号等。

表 5-1 为轴承柔性装配生产管理系统，可以看出，整个生产管理系统包括八个功能模块，分别为系统登录、下单功能、订单处理、产品管理、生产管理、生产报表、生产监控和物料追踪。

表 5-1　轴承柔性装配生产管理系统架构

序号	功能块名称	子功能	备　注
1	系统登录	1. 管理员登录； 2. 用户登录； 3. 用户注册	
2	下单功能	用户下单	
3	订单处理	1. 接受订单； 2. 原材料采购单管理； 3. 生产工单管理	接受订单自动生成一条原材料采购单、一条生产工单
4	产品管理	1. 物料管理； 2. 工艺流程管理	每类产品材料配置和工艺流程配置
5	生产管理	包含生产排产(插单)、工位分配、物料准备、数据采集显示	
6	生产报表	1. 生产报表：查询、显示、不良率、直通率； 2. 工位监控：生产状态、当前订单	
7	生产监控	1. 任务监控：生产计划和进度； 2. 设备监控：波动率、负荷率	
8	物料追踪	1. 物料追踪； 2. 产品追踪	

5.2.2　轴承柔性装配生产管理系统实现

下面对生产管理系统中的各具体模块进行说明。

1. 系统登录模块

生产管理开启后，首先是登录界面，如图 5-23 所示，提示输入用户名和密码。

图 5-23 登录页面界面图

点击"登录"按钮进入系统。如果该用户名的角色是"管理员",则页面跳转到生产管理系统界面,否则跳转到产品下单页面。

如果当前用户未注册,则点击"注册"按钮直接跳转注册页面,如图 5-24 所示。

图 5-24 注册页面界面图

登录进系统后，即可看到如图 5-25 所示的生产管理系统主页面，左侧是各个功能模块，右侧是各个功能模块的详细信息。

图 5-25　生产管理主页面

2. 下单模块

下单模块提供给用户侧操作使用，即利用互联网来定制生产轴承。图 5-26 为云定制产品，目前为 6202 和 6203 两种型号球轴承。

图 5-26　产品列表页面界面图

在下单系统中进入下单页面，点击想要下单的产品图标或者链接文字，进入该产品下单页面，如图 5-27 所示，即可显示定制产品详细信息。

图 5-27　产品列表页面界面图

3. 产品管理

轴承生产管理系统的产品管理包括物料管理和生产工艺管理两个功能模块，其中物料管理模块的内容如图 5-28 所示。

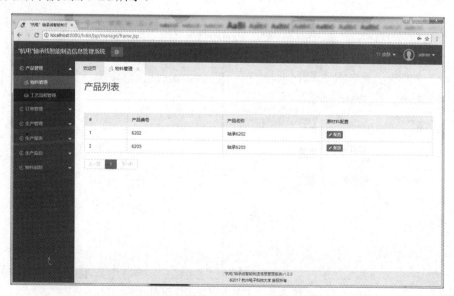

产品[轴承6202]——原材料配置　　　　　　　　　　　　　　　　　－ ⊡ ×

⊕ 增加原材料

#	原材料名称	材质	规格	数量	单位	操作
1	内圈6202	高碳钢GCr15（轴承钢）	15*19.547*11	1	个	✏编辑　🗑删除
2	外圈6202	高碳钢GCr15（轴承钢）	31.453*35*11	1	个	✏编辑　🗑删除
3	保持架6202	轴承钢	22.65*28.35*11	1	个	✏编辑　🗑删除
4	钢球6202	轴承钢	φ5.953(5组组差2u)	8	个	✏编辑　🗑删除
5	注脂	矿物油和稠化剂	锂基脂油	10	克	✏编辑　🗑删除
6	航空煤油	烃类化合物	0.79克	10	毫升	✏编辑　🗑删除

上一页　1　下一页

图 5-28　物料管理模块内容

在物料管理模块，可以配置产品原材料清单。点击"配置"按钮，进入原材料配置对话框。通过"增加""修改""删除"按钮完成原材料清单配置。

工艺流程管理界面如图 5-29 所示，主要包括生产工艺配置和工艺参数设置等。

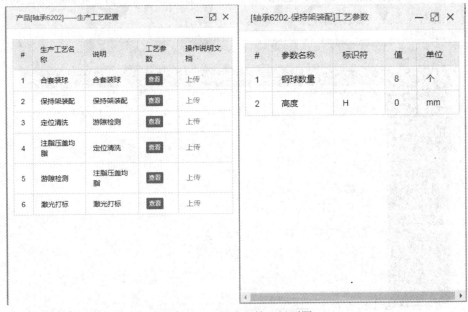

图 5-29　工艺流程管理界面图

在生产工艺流程管理单元，可以配置产品的生产工艺流程，点击"配置"按钮，进入生产工艺配置对话框。点击"查看"按钮可查看流程生产参数。通过"上传"和"下载"链接实现流程操作文档的上传、下载功能。

4．订单管理

订单管理功能模块包括所有用户订单、待处理订单两个功能单元。其中所有订单列表的界面如图 5-30 所示，可以对用户订单进行浏览及查询。

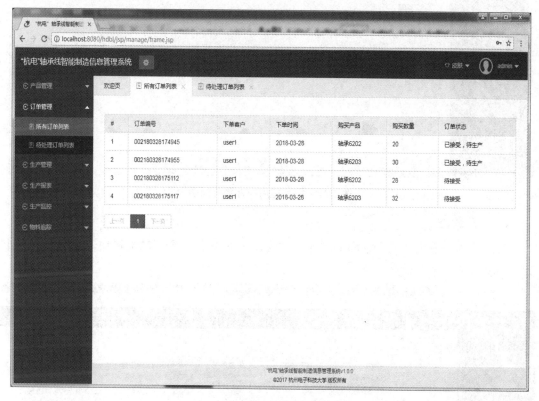

图 5-30　所有用户订单界面图

待处理用户订单界面如图 5-31 所示，与所有用户订单列表不同，这里可以对订单进行"接受"或"拒绝"操作。只有接受的订单，才会正式进入生产流程。

在待处理用户订单界面，可以查看订单详情，只需点击表格中订单号链接，进入该订单的详情页面。如果点击"接受订单"按钮，系统自动生成该订单的原材料采购单和生产工单。

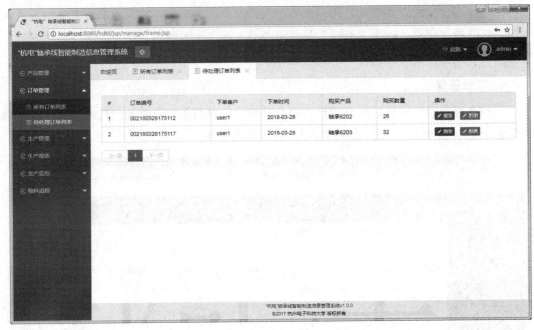

图 5-31　待处理用户订单界面图

5. 生产管理

生产管理功能模块的主界面如图 5-32 所示，主要包括三个子功能模块，分别为生产计划、原材料采购单及生产工单。

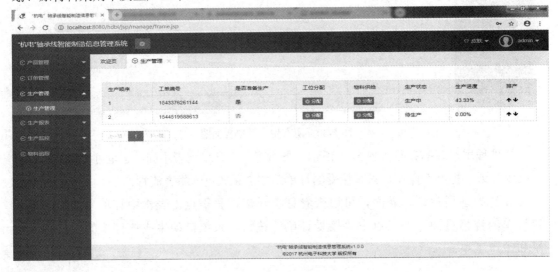

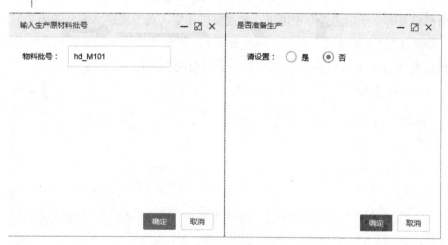

图 5-32　生产管理功能模块的主界面

对于生产计划子功能模块，主要完成以下功能任务：

(1) 生产排产：点击"上移"或者"下移"按钮，调整生产顺序。

(2) 工位分配：点击工位分配列的"分配"按钮，进入分配页面，对各流程进行工位分配(系统默认生产设备)。

(3) 物料供给：点击物料供给列的"分配"按钮，输入生产所用物料批次号(系统默认物料批号)。

(4) 准备生产：点击是否准备生产列的蓝色链接，弹出配置对话框，设置是否准备生产。

(5) 数据采集：系统采集现场数据，显示生产工单的生产状态和生产进度。

原材料采购单界面图如图 5-33 所示,可实现柔性装配线的原材料库存管理及采购功能。

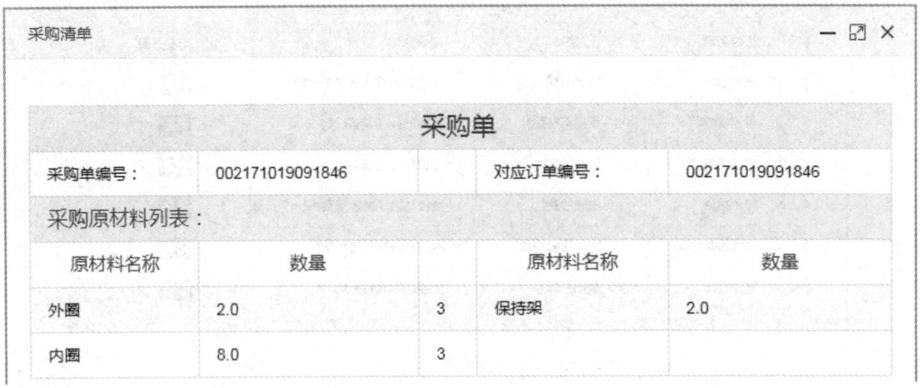

采购清单				− ⊡ ×
采购单				
采购单编号:	002171019091846	对应订单编号:		002171019091846
采购原材料列表:				
原材料名称	数量		原材料名称	数量
外圈	2.0	3	保持架	2.0
内圈	8.0	3		

图 5-33　原材料采购单界面图

在原材料采购单子功能界面中可以查看采购单详情,点击采购单编号链接文字,进入详情页面。如果点击"采购完成"按钮,该采购单状态变为"已完成",并刷新采购完成时间。

生产工单界面如图 5-34 所示,图中显示出当前的生产任务。

生产工单【1522230609340】					− ⊡ ×
生产工单					
	编号:		1522230609340		
订单列表:					
序号		订单编号			
1		002180328174955			
产品列表:					
序号	产品名称			数量	
1	轴承6203			30.0	
原材料详情:					
物料批号:					
#	名称	材质	规格	数量	单位
1	内圈6203	高碳钢GCr15(轴承钢)	17*22.253*12	30.0	个
2	外圈6203	高碳钢GCr15(轴承钢)	35.747*40*12	30.0	个
3	保持架6203	轴承钢	26*32*12	30.0	个
4	钢球6203	轴承钢	φ6.747	240.0	个
5	注脂	矿物油和稠化剂	锂基脂油	300.0	克
6	航空煤油	烃类化合物	0.79克	300.0	毫升
生产流程及参数:					
流程名称	生产设备名称		生产参数		

图 5-34　生产工单界面图

在生产工单子功能界面中，可以查看生产工单详情。点击"查看"链接，进入详情页面。如果点击"生产完成"按钮，该生产工单状态变为"已完成"，并刷新完成时间。

6. 生产报表

生产报表界面如图 5-35 所示，可以对生产情况通过报表的形式进行统计分析。

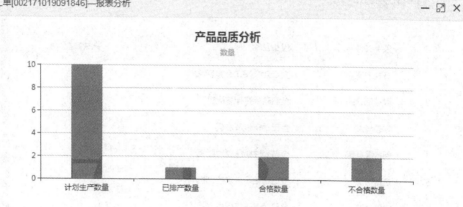

图 5-35　生产报表界面图

在生产报表功能界面中，输入订单号，点击"查询"按钮，进入该订单的报表详情页面。点击"查看报表"按钮，进入该订单的报表详情页面。

7. 生产监控

生产监控功能模块负责对生产过程的监控，可实现生产任务监控、设备监控、工位监控等。

任务监控界面如图 5-36 所示。点击"查看"按钮，进入详情页面，显示任务完成情况的柱状图。

图 5-36　任务监控界面图

设备监控子界面如图 5-37 所示。可以查看设备生产详情，点击"查看"按钮，进入详情页面，查看设备波动率、负荷率等。

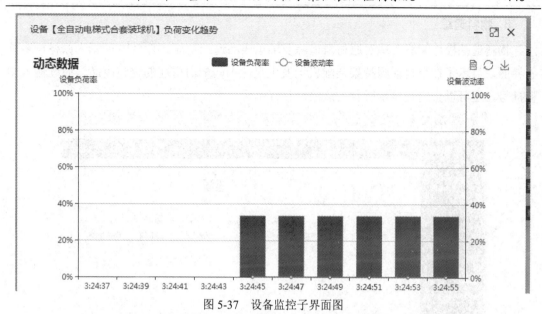

图 5-37　设备监控子界面图

工位监控子界面如图 5-38 所示，可监视六台生产设备的生产状态。

图 5-38　工位监控子界面图

8. 物料追踪

物料追踪模块能够实现对原材料追踪及轴承成品追踪功能。图 5-39 所示为原材料追踪子界面，显示了在全自动保持架装配机上发生尺寸不匹配而引起的物料废品。通过输入物料批号，还可以查询及显示所有关联的产品订单号。

图 5-39　原材料追踪子界面图

图 5-40 所示为产品追踪子界面，通过输入订单编号，可以查询及显示产品工艺数据、废品类型和机床编号，为轴承产品的质量追溯提供依据。

图 5-40　产品追踪子界面图

参 考 文 献

[1]　德国联邦教育研究部工业 4.0 工作组. 德国工业 4.0 战略计划实施建议，2014.

[2]　谭建荣，刘振宇，等. 智能制造：关键技术与企业应用[M]. 北京：机械工业出版社，2017.

[3]　尾木藏人，工业 4.0：第四次工业革命全景图[M]. 王喜文，译. 北京：人民邮电出版社，2017.

[4]　吴为. 工业 4.0 与中国制造 2025 从入门到精通[M]. 北京：清华大学出版社，2015.

[5]　西门子工业软件公司，西门子中央研究院. 工业 4.0 实战：装备制造业数字化之道[M]. 北京：机械工业出版社，2015.

[6]　王喜文. 工业 4.0：通向未来工业的德国制造 2025:图解版 [M]. 北京：机械工业出版社，2015.

[7]　刘延林. 柔性制造自动化概论[M]. 2 版. 武汉：华中科技大学出版社，2010.

[8]　沈向东. 柔性制造技术[M]. 北京：机械工业出版社，2013.

[9]　崔坚. SIMATIC S7-1500 与 TIA 博途软件使用指南[M]. 北京：机械工业出版社，2016.

[10]　吴澄. 中国智能制造与设计发展战略研究[M]. 杭州：浙江大学出版社，2016.

[11]　王爱民. 制造系统工程[M]. 北京：北京理工大学出版社，2017.

[12]　西门子(中国)有限公司数字化工业集团. TIA 博途与 SIMATIC S7-1500 可编程控制器产品样本. 2019.